逆向设计与增材制造

主 编　宁　煜　任军辉

北京理工大学出版社
BEIJING INSTITUTE OF TECHNOLOGY PRESS

内 容 简 介

本书遵循产品逆向设计开发的过程，综合应用"机械制图""机械设计基础""机械创新设计""数字化设计技术"和"数字化制造技术"等先修课程的知识与技能，以载体项目任务为驱动，以本书内容为知识补充和引导，以理实一体化教学为实施方式，以项目完成效果为考核目标，培养学生基础知识和数字化技术的综合应用能力，提高学生逆向设计与制造的工程实践能力。本书包含 9 个实战项目，18 个具体任务，一方面，由浅到深讲解 Geomagic Design X 逆向建模相关命令和技巧，包括点云处理、领域划分、基础逆向建模命令、复杂曲面逆向建模等；另一方面，结合正向设计软件 SolidWorks 进行创新设计，在逆向建模获得实体基础上进行修改、优化，培养综合建模设计能力和创新能力。

本书所讲述内容适合作为高等职业院校机械类专业拓展课程的教材，也可作为工程技术人员和对逆向建模感兴趣的人员的参考书。

图书在版编目（C I P）数据

逆向设计与增材制造 / 宁煜，任军辉主编．－－ 北京：
北京理工大学出版社，2023.6
ISBN 978 - 7 - 5763 - 2426 - 6

Ⅰ．①逆… Ⅱ．①宁… ②任… Ⅲ．①工业设计 – 高
等学校 – 教材②快速成型技术 – 高等学校 – 教材 Ⅳ．
①TB4

中国国家版本馆 CIP 数据核字（2023）第 096697 号

出版发行 / 北京理工大学出版社有限责任公司
社　　址 / 北京市海淀区中关村南大街 5 号
邮　　编 / 100081
电　　话 / （010）68914775（总编室）
　　　　　（010）82562903（教材售后服务热线）
　　　　　（010）68944723（其他图书服务热线）
网　　址 / http：//www.bitpress.com.cn
经　　销 / 全国各地新华书店
印　　刷 / 河北盛世彩捷印刷有限公司
开　　本 / 787 毫米 ×1092 毫米　1/16
印　　张 / 12.5　　　　　　　　　　　　　　　　责任编辑 / 陈莉华
字　　数 / 283 千字　　　　　　　　　　　　　　文案编辑 / 陈莉华
版　　次 / 2023 年 6 月第 1 版　2023 年 6 月第 1 次印刷　责任校对 / 周瑞红
定　　价 / 68.00 元　　　　　　　　　　　　　　责任印制 / 李志强

图书出现印装质量问题，请拨打售后服务热线，本社负责调换

前　　言

党的二十大报告中强调，必须坚持科技是第一生产力、人才是第一资源、创新是第一动力。机械产品创新设计的开发周期伴随三维数字化技术的快速发展越来越短。高职机械设计制造及其自动化专业群各专业人才培养的定位目标，一方面，服务现代制造业，为相关企事业单位培养高端技能型人才；另一方面，面向中微企业，为其培养工艺工装设计、产品升级改造和新产品的开发设计的高端技术型人才。学习和掌握数字化技术的基本知识和技能，是时代对职业院校学生提出的必然要求。

逆向设计，是正向设计的扩展和补充，是消化和吸收先进技术，缩短产品设计开发周期的重要手段。产品与原型不同结构的复制、改进和创新设计，在企业尤其是职业教育面向培养人才的中小企业的产品升级和创造中占有极大比重。

本书遵循产品逆向设计开发的过程，综合应用"机械制图""机械设计基础""机械创新设计""数字化设计技术"和"数字化制造技术"等先修课程的知识与技能，以载体项目任务为驱动，以本书内容为知识补充和引导，以理实一体化教学为实施方式，以项目完成效果为考核目标，培养学生基础知识和数字化技术的综合应用能力，提高学生逆向设计与制造的工程实践能力。项目强调设计软件只是基本表达工具，更重要的是产品的创新设计能力。实践表明，通过项目引导学生设计、制作自己的产品创新结构，能够有效解决学生脱离已有二维图纸就不能建模表达自己设计构思的实际问题。进一步为中小企业培养逆向设计工程师，具备逆向件的扫描、快速曲面重构、实体建模、创新设计的能力，从事逆向设计，向客户提供用于开模、生产及设计用的高质量 CAD 三维数模和样机数字化制造等工作。

本书由陕西职业技术学院宁煜为第一主编，任军辉为第二主编，乔琳、陈朋威、贾超钰参与编写，其中项目一由宁煜编写，项目二由乔琳编写，项目三由陈朋威编写，项目四~八由任军辉编写，项目九由贾超钰编写。全书由宁煜统稿，任军辉负责电子课件统筹。在本书编写过程中，编者参阅了国内外出版的有关教材和资料，在此对相关编著者一并表示衷心感谢！

为方便读者对本书内容的学习，大家可以注册并登录学堂在线平台 https://www.xuetangx.com/，搜索"逆向工程与增材制造"参加在线课程的学习。

由于编者水平有限，书中不妥之处在所难免，恳请读者批评指正。

编　者

目　　录

项目一　逆向设计与增材制造技术初探

项目简介

　　机械产品在进行批量生产并推向市场之前，一般都要经过产品调研、设计、试制与试验阶段。在产品创新周期日益加快的当下，不论是产品改进，还是全新设计，都希望尽快验证方案的可行性。逆向工程技术、增材制造技术在这个过程中有着重要的应用。

　　本项目分为两个任务，分别介绍逆向工程技术、增材制造技术的相关知识及其应用，两种技术之间的连接点是产品建模。任务一具体介绍了逆向工程技术从现有产品到建模数据的形成，任务二具体介绍了利用建模数据进行快速制造的3D打印增材制造技术。

任务一　逆向工程技术及其应用

【学习目标】

　　（1）理解逆向工程技术的概念。
　　（2）掌握逆向建模的主要过程。
　　（3）了解逆向工程技术的应用。
　　（4）树立守正创新的理念。

【任务描述】

　　通过收集文献、书籍、视频等形式的资料，了解逆向工程技术的概念和所能解决的实际问题，并与传统的机械设计相比较，进而理解逆向工程技术的优势及其应用。

【引导问题】

　　引导问题1：
　　回顾学习过的专业基础课程，熟悉传统的机械产品设计过程是怎样进行的。假设你是某企业的设计研发人员，面对激烈的市场竞争，如何加快产品创新设计或研发的速度，进而抢占市场先机？

引导问题 2：

面对生活中现有的机械产品，时常会发现有待改进的地方，作为使用者，你有什么好的办法实施自己的创新方案？

引导问题 3：

什么是逆向工程技术？一般的实施步骤包括哪些？

【知识充电】

一、逆向工程技术概述

逆向工程（Reverse Engineering，RE）也叫作反向工程、反求数字化设计等，是相对于传统的正向工程提出的概念。对未来的产品进行功能分析，并数字化为 CAD 模型，在满足设计要求的情况下加工出产品的实物，这个过程称为正向工程，是一个构思—设计—产品的过程。逆向工程是一个与正向工程相反的过程，是针对已有的产品模型或实物，消化、吸收和挖掘蕴含其中的涉及产品设计、制造和管理等各个方面的一系列分析方法、手段和技术的综合。它是以先进产品设备的实物、软件或影像为研究对象，应用现代设计方法学原理、生产工程学、材料学和有关专业知识进行系统深入的分析和研究，探索掌握其关键技术，进而开发出同类的更为先进的产品的系统工程。

逆向工程的实施过程是多领域、多学科的协同过程。从图 1-1 中我们可以看出，逆向工程的整个实施过程包括了丈量数据的采集/处理、CAD/CAM 系统处理和融进产品数据治理系统的过程。因此，逆向工程是一个多领域、多学科的系统工程，需要职员和技术的高度协同、融合。

逆向工程可以分为广义的逆向工程和狭义的逆向工程。广义的逆向工程包括产品设计意图与原理的逆向、几何形状与结构的逆向、材料逆向、制造工艺逆向、管理逆向等。广义的逆向工程包括很多内容，但目前国内外大多数的逆向工程还只是针对几何形状的逆向工程，即建立产品的 CAD 数字模型。因此，通常提到的逆向工程也就是狭义的逆向工程，是把产品的模型或实物转化为 CAD 模型的相关计算机辅助技术、三维扫描技术和几何模型重建技术的总称，是由产品模型（或实物）到 CAD 模型再到 CAM 或快速成型的过程。

随着计算机技术的不断发展，逆向工程应用领域越加广泛。

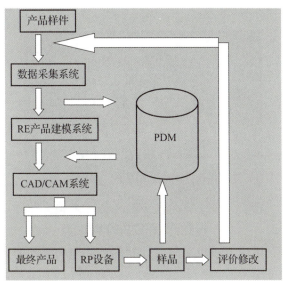

图 1-1 逆向产品开发过程

1. 逆向工程在 CAD/CAM 体系中的应用

逆向工程技术并不是孤立的，它和丈量技术、CAD/CAM 技术有着千丝万缕的联系。从理论角度分析，逆向工程技术能按照产品的丈量数据建立与现有 CAD/CAM 系统完全兼容的数字模型，这是逆向工程技术的终极目标。但凭借目前人们所把握的技术，包括工程上的和理论上的（如曲面建模理论），尚无法满足这种要求。特别是针对目前比较流行的大规模"点云"数据建模，更是远没有达到直接在 CAD 系统中应用的程度。

"点云"数据的采集有两种方法：一种是使用三坐标丈量机对零件表面进行探测，另一种是使用激光扫描仪对零件表面进行扫描。采集到的数据经过 CAD/CAM 软件处理后，可以获得零件的数字化模型和用于加工的 CNC 程序。图 1-2 所示为使用激光扫描仪丈量的摩托车发动机砂型排气道点云图。

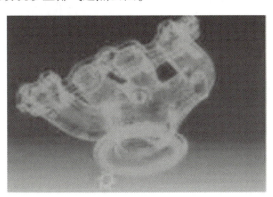

图 1-2 零件点云数据

在实际工作中，先采用激光扫描仪采集上百万个点数据，形成摩托车发动机砂型排气道外形轮廓，再用逆向软件进行由点到面的处理，获得图 1-3 所示的摩托车发动机砂型排气道曲面实体 CAD 模型。

图 1 – 3 零件 CAD 模型

数据采集完成后，用户可利用逆向设计软件加快逆向工程的处理过程。在理想情况下，逆向设计软件可用于：

（1）处理采集到的点云数据，有时甚至需要处理数亿个点数据序列。

（2）通过修改和分析，处理产生的轮廓曲面。

（3）将几何外形输出到下一级处理过程中。

（4）分析几何外形，估算整体外形与样品的差异。

最重要的是，软件能够以三维透视图的方式显示工件，它完整地定义了工件的外形，不再需要多个视角的投影图，设计者可直接对曲面轮廓进行再加工，而加工工人可以利用电子模型加工工件。

2. 逆向工程在其他领域的应用

在实际生活中，逆向设计技术还有相当多的应用场景。

（1）损坏或磨损零件的还原：当零件损坏或磨损时，可以直接采用逆向工程的方法重构出 CAD 模型，对损坏的零件表面进行还原和修补。由于被测零件表面的磨损、损坏等因素，会造成丈量误差，这就要求逆向工程系统具有推理和判定能力。例如，对称性、标准尺寸、平面间的平行和垂直等特性。在逆向设计软件中完成数字模型的修改后，就可以加工出完整的零件。

（2）数字化模型检测：对加工后的零件，进行扫描测量，再利用逆向工程技术构造出 CAD 模型，通过将该模型与原始设计的 CAD 模型在计算机上进行数据比较，可以检测制造误差，根据误差数据进一步完善加工工艺。

在汽/机车、航天、制鞋、模具和消费性电子产品等制造行业，甚至在休闲娱乐行业也可发现逆向工程的痕迹，在原有参考产品的基础上扫描表面数据，进一步处理、调整、完善数字模型，实现产品的创新设计。另外，在医学领域，逆向工程也有其应用价值，如人工关节模型的建立、口腔数据采集与建模等。

二、逆向工程技术主要方法

1. 逆向工程的原理反求法

要分析一个产品，首先要从产品的设计指导思想分析入手。产品的设计指导思想决定了产品的设计方案，深入分析并掌握产品的设计指导思想是分析了解整个产品设计的前提。充分了解逆向工程对象的功能有助于对产品原理方案的分析、理解和掌握，也才有可能在进行逆向设计时得到基于原产品而又高于原产品的原理方案，这才是逆向工程技术的精髓所在。

2. 逆向工程的材料反求法

对逆向对象材料的分析包括材料成分的分析、材料组织结构的分析和材料的性能检测等几大部分。其中，常用的材料分析方法有钢种的火花鉴别法、钢种听音鉴别法、原子发射光谱分析法、红外光谱分析法和化学分析微探针分析技术等；而材料的结构分析主要是分析研究材料的组织结构、晶体缺陷及相互之间的位相关系，可分为宏观组织分析和微观组织分析；性能检测主要是检测其力学性能和磁、电、声、光、热等物理性能。逆向工程材料反求法的一般过程如图 1-4 所示。在对反求对象进行材料分析时，要充分考虑到材料表面的改性处理技术。

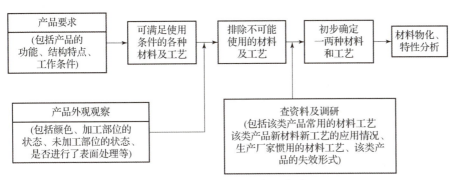

图 1-4　逆向工程材料反求法

3. 逆向工程的工艺反求法

反求设计和反求工艺是相互联系的，缺一不可。在缺乏制造原型产品的先进设备与先进工艺方法和未掌握某些技术诀窍的情况下，对反求对象进行工艺分析通常采用以下几种常用的方法，如表 1-1 所示。

表 1-1　对反求对象进行工艺分析的常用方法

类别	具体描述
反判法编制工艺规程	以零件的技术要求如尺寸精度、形位公差、表面质量等为依据，查明设计基准，分析关键工艺，优选加工工艺方案，并依次由后向前递推加工工序，编制工艺规程
改进工艺方案，保证引进技术的原设计要求	在保证引进技术的设计要求和功能的前提条件下，局部地改进某些实现较为困难的工艺方案。对反求对象进行装配分析主要是考虑选用什么装配工艺来保证性能要求、能否将原产品的若干个零件组合成一个部件及如何提高装配速度等
用曲线对应法反求工艺参数	先以需分析的产品的性能指标或工艺参数建立第一参照系，以实际条件建立第二参照系，根据已知点或某些特殊点将工艺参数及其有关的量与性能的关系拟合出一条曲线，并按曲线的规律适当拓宽，从曲线中找出相对于第一参照系性能指标的工艺参数，就是所求的工艺参数

类别	具体描述
材料国产化，局部改进原型结构以适应工艺水平	由于材料对加工方法的选择起决定性作用，所以，在无法保证使用原产品的制造材料时，或在使用原产品的制造材料后，工艺水平不能满足要求时，应使用国产化材料，以适应目前的工艺水平

4. 逆向工程的系列化、模块化分析

分析逆向工程的反求对象时，要做到思路开阔，要考虑到所引进的产品是否已经系列化了，是否为系列型谱中的一个，在系列型谱中是否具有代表性，产品的模块化程度如何等具体问题，使在设计制造时少走弯路，提高产品质量，降低成本，生产出多品种、多规格、通用化较强的产品，提高产品的市场竞争力。

逆向工程的研究内容涉及对反求的产品的设计理论、生产制造工程、管理工程等诸多方面的研究。从设计角度看，逆向工程技术的研究内容主要包括以下几个部分：

（1）引进产品的设计指导思想分析。

（2）功能和原理方案分析。

（3）结构分析。

（4）形体尺寸分析。

（5）精度分析。

（6）材料分析。

（7）工作性能分析。

（8）三维重构设计分析。

（9）工艺分析。

逆向工程技术的工作流程如图 1-5 所示。

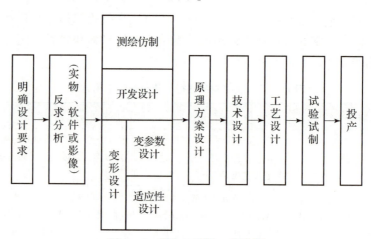

图 1-5 逆向工程的工作流程

如图 1-5 所示，逆向工程的一般工作流程是，在明确设计要求的前提下，通过实物、软件或影像进行反求分析，根据分析结果，比如目前应用广泛的激光扫描得到的点云数据，进行进一步设计，得到新的设计方案，并对此进行工艺和试制环节的安排。最终获得所需要的产品。

三、数据采集技术

1. 测量方法的分类

数据采集技术是指通过特定的测量设备和测量方法获取零件表面离散点的几何坐标数据，以便下一步进行复杂曲面的重构、评价、改进和制造。数据采集技术作为逆向工程的第一步，如何高效、高精度地获得实物表面数据是逆向工程实现的基础和关键技术之一。目前的数据采集技术可分为接触式测量和非接触式测量，接触式测量主要是三坐标测量，而非接触式测量依据信号源的种类，可以分为超声测量、光学测量和电磁测量。光学测量中以光栅投影测量的应用较为广泛。采用哪一种数据采集方法要考虑到测量方法、测量精度、采集点的分布与数目及测量过程对后续 CAD 模型重构的影响，测量方法的分类如图 1-6 所示。

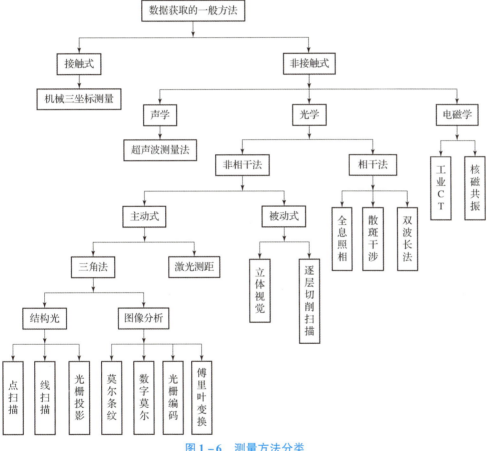

图 1-6　测量方法分类

2. 常用测量方法的原理

1）三坐标测量原理

三坐标测量机是比较常见的三维坐标测量仪器，一般用于工业产品的检测，也用于反求测量。这种设备由三个互相垂直的测量轴和各自的长度测量系统组成，结合测头系统、控制系统、数据采集与计算系统组成主要的系统元件。测量时把被测件置于测量机的测量空间中，通过机器运动带动传感器，即测头实现对被测空间内的任意点的瞄准，当瞄准实现时，测头即发出读数信号，通过测量系统就可以得到被测点的几何坐标值，根据这些点的空间坐标值，经过数学运算求出待测的几何尺寸和相互位置关系。

2）激光三角法原理

激光三角法是发展很成熟的一种非接触式测量方法。这种方法的基本原理是利用具有规则几何形状的激光束或模拟探针沿样品表面连续扫描，被测表面形成漫反射的光点或者光带在光路中安置的图像传感器上成像，按照三角形原理，测出被测点的空间坐标。激光三角法的系统结构如图1-7所示。

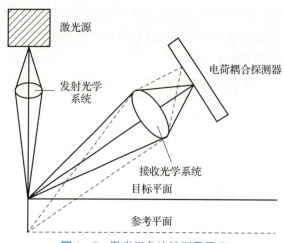

图1-7 激光三角法的测量原理

3）超声波测量原理

超声波测量原理是当超声波脉冲到达被测物体时，在被测物体的两种介质边界会发生回波反射，通过测量回波与零点脉冲的时间间隔就可以计算出各面到零点的距离。

4）逐层切削扫描测量原理

这种技术的原理是以极小的厚度逐层切削实物，并对每一断面进行扫描，获取截面的图像数据，是目前断层测量精度最高的方法，且成本很低。其缺点是破坏了零件的完整性。

四、数据处理技术

无论是接触式测量还是非接触式测量，在获得点云数据以后都需要对点云数据进行处理，提取重构曲面必要的信息。点云数据的处理大致可分为点云数据的拼接、点云数据的分块、点云数据的去噪、点云数据的精简等。在逆向工程中应根据点云情况选择必要的处理方式，这样才能有的放矢，提高效率，提高模型的重建精度。

1. 点云数据的拼接

采用非接触式三维扫描仪采集模型的点云数据时，一般需要从多个视角来获得模型表面完整的数据，这样就出现了多视数据拼接的问题。通过把多次扫描得到的数据对齐，以显示模型的三维拓扑关系。一般而言，对于同一个模型的多视数据一般有两种处理方法：可以先根据扫描得到的各个视图的数据进行模型重建，然后再对齐各个视图的模型数据。但是，这种方法不容易整体把握模型的结构和特征，一般不常用。另一种方式是采用先对齐各视图点云数据然后再重建模型的方法。为了能较好地对齐各视图点云数据，一般需要在被扫描模型上贴标记点，扫描仪的软件系统会根据这些标记点来对齐各个试图的数据。一般在特征复杂区域可以多贴标记点，在特征简单区域少贴标记点。对齐点云后得到一个完整的模型点云就可以进行下一步处理了。

2. 曲面重构

模型重建就是根据测量得到的反映几何形体特征的一系列离散数据在计算机上获得形体曲线曲面的方程，大多曲面重建的对象是散乱的数据点。实物模型重建经常先要对散乱的数据点进行三角化，在三角网格的基础之上进行曲面拟合。尤其是当实物的边界和形状比较复杂时，基于三角剖分的曲面插值更为灵活。而且目前 STL 文件还是快速成型设备应用最为广泛的文件格式，此外在动画、虚拟环境、网络浏览、医学扫描、计算机游戏等领域可以看到许多由三角网格构建的实体模型，所以点云数据的三角化尤为重要。

【任务工单】

任务名称	逆向工程技术及其应用		指导教师	
班级			组长	
组员姓名				
任务要求	通过查阅文献、书籍、视频等形式的资料，了解逆向工程技术及其应用，并与传统的机械设计相比较，归纳逆向工程技术的优势			
材料清单				
参考资料				
决策与方案				
实施过程记录				
文档清单	列写本任务完成过程中涉及的所有文档（纸质或电子文档）：			

序号	名称	电子文档存储路径	完成时间	负责人
1				
2				

【任务实施】

　　（1）组员分工详情：

姓名	负责内容

　　（2）详细实施方案：

【任务评价】

任务名称	逆向工程技术及其应用	得分	
组长		汇报时间	
组员			
任务要求	通过查阅文献、书籍、视频等形式的资料，了解逆向工程技术及其应用，并与传统的机械设计相比较，归纳逆向工程技术的优势		

文档接收清单

接收本任务完成过程中设计的文档

序号	文档名称	接收人	接收时间
1			
2			

验收评分

评分细则表

评分标准	分值	得分
任务方案的合理性	20 分	
成员分工明确，进度安排合理	20 分	
资料收集完成程度	40 分	
课堂交流汇报效果	20 分	

教师评语

任务二　增材制造技术及其应用

【学习目标】

（1）理解增材制造技术的概念。

（2）掌握3D打印制造过程及其优势。

（3）熟悉3D打印机的使用。

（4）了解常见3D打印类型及其特点。

【任务描述】

通过收集文献、书籍、视频等形式的资料，了解增材制造技术的概念和所能解决的实际问题，相比于传统的切削加工，3D打印技术所具有的优势。

【引导问题】

引导问题1：

不论是普通车床，还是数控铣床，它们的加工方式有什么共同特点？

引导问题2：

有没有加工方式可以像盖楼房一样，通过材料累积实现零件的加工？

引导问题3：

3D打印有哪些实际应用？

【知识充电】

一、3D打印及其主要技术优势

3D打印，即快速成型技术的一种，又称增材制造，它是一种以数字模型文件为基础，运用粉末状金属或塑料等可黏合材料，通过逐层打印的方式来构造物体的技术。

3D打印技术的魅力在于它很大程度上摆脱了制造场地的限制。普通的切削加工方式依赖机床设备，需要在工厂中完成操作。对于3D打印技术，一个桌面3D打印机就可以打印出很多小物品。对于此类小尺寸3D打印设备，人们可以将其放在办公室一角、商店甚至住房里。当然，用于自行车车架、汽车方向盘甚至飞机零件等大物品打印的作业，则需要更大的打印机和更大的放置空间。

二、3D 打印技术的种类及应用

1. 光固化成型（SLA）技术

SLA 光固化成型技术是用激光聚焦到光固化材料表面，使之由点到线，由线到面顺序凝固，周而复始，这样层层叠加构成一个三维实体。光敏树脂通常情况下呈现液态，一旦受到激光的照射就会固化成固体。利用这一特性，人们只需要将激光移动路径进行设置，激光经过的路径上，表面的光敏树脂就会成为固体，零件每一个截面都是由此产生，每加工完成一个截面，零件放置平面沿竖直方向（Z 轴）下移一个层厚。最终完成零件的制作，如图 1 - 8 所示。

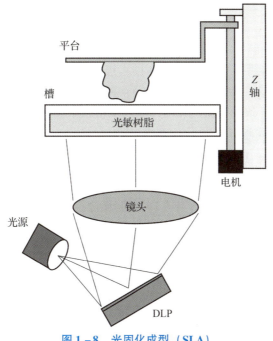

图 1 - 8 光固化成型（SLA）

SLA 光固化成型技术是较早出现的一种快速成型技术，经过时间的考验，具有较好的可靠性，是目前比较成熟的增材制造技术之一。可以加工结构外形复杂或使用传统手段难于成型的原型和模具，加工速度快，层与层之间的连接强度和其他特性分布比较均匀。但成型件多为树脂类，强度、刚度、耐热性有限，不利于长时间保存，并且设备造假和成本相对比较高。

2. 选择性激光烧结（SLS）技术

SLS 选择性激光烧结技术采用红外激光作为热源烧结粉末材料，并以逐层堆积方式成型三维零件。如图 1 - 9 所示，首先滚筒将粉末状材料铺平于扫描系统下方的粉末平台，激光按照指定截面路径进行移动，经过之处的粉末被熔化并凝结为一体。成型活塞下降一个层厚，滚筒再次进行铺粉，激光扫描新的一层截面。周而复始，层层累积，最终完成三维零件的加工。

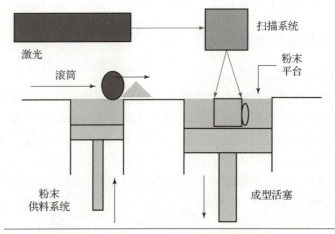

图 1 - 9　SLS 选择性激光烧结 3D 打印技术

SLS 选择性激光烧结技术是采用激光烧结粉末，因此可选择的材料类型广泛，可以是金属粉末、塑料颗粒等。并且材料的利用率很高，未被烧结的粉末可以回收进行重复利用。烧结成型的零件表面一般比较粗糙，需要进一步处理。另外，由于层与层之间融合程度有差异，导致凝固组织、内部缺陷质量较难控制。

3. 熔融层积快速成型（FDM）技术

FDM 熔融层积快速成型技术是将丝状的热熔性材料加热熔化，同时喷头在计算机的控制下，根据截面轮廓信息，将熔融材料选择性地涂敷在工作台上，快速冷却后形成一层截面。一层成型完成后，机器工作台下降一个层高度后再成型下一层，直至形成整个零件实体造型。图 1 - 10 所示为 FDM 熔融层积快速成型 3D 打印技术示意图。

图 1 - 10　FDM 熔融层积快速成型 3D 打印技术

一般小型 3D 打印设备都是采用这一成型技术。该技术的优点是相比于传统制造和其他类型 3D 打印机设备，设备费用低，另外材料的利用效率高，有些材料是环保可再生物料，成型成本大大降低，适合于办公室设计环境使用。不过，这种成型方式材料的选择只能是热塑性材料，层黏机制使 FDM 零件必然具有各向异性，产品几何精度有限。

三、打印设备的操作

完成三维模型建模之后，就可以开始打印制作了。在正式开始打印之前，需要做一些基本的准备工作：准备好 STL 格式的 3D 模型、3D 打印机以及打印零件的材料。

1. STL 格式的三维模型文件

设计软件和打印机之间协作的标准文件格式是 STL 文件格式。STL 格式是目前 3D 打印制造设备使用的通用接口格式，是一种为 3D 打印制造技术服务的 3D 图形文件格式。事实上，它目前已成为 3D 打印制造的标准格式。如果设计的 3D 模型不是 STL 格式，就需将其转换成打印机可以识别的 STL 格式。

STL 用三角网格来表现 3D 模型，输出 STL 文件的参数选用会影响到成型质量的好坏。如果 STL 文件属于粗糙的或是呈现多面体状，那么将会在模型上看到真实的体现。

经过转换后得到的 STL 文件中可能会存在"错误"，这些错误从一般的 3D 模型的角度来看，其实不能算是错误，它可以在使用的建模软件中正常显示，但是对于 3D 打印来说，这些错误则可能是很危险的。如果打印机在打印模型的过程中遇到问题文件，则会崩溃并停止打印，因为文件截面已损坏，从而导致打印失败。因此，文件转换完成后首先需要对多边形的面进行 STL 检查。像软件编译器会检查编程错误一样，3D 打印机或 STL 浏览器同样会检查 STL 文件，然后才能进行打印。

2. 3D 打印切片处理

在计算机上安装相应的 3D 打印切片软件，用它来实现 3D 模型的参数调整，并将模型切片转换成 3D 打印机可以识别的格式，最后才能将模型发送到打印机进行打印。切片的过程就是将模型数据分层，方便 3D 打印机按照每层的数据进行打印，一层一层堆积成型。因此，优秀的切片软件是 3D 打印的核心。

3. 打印材料和打印机准备

目前，桌面 3D 打印机最常用的就是 PLA 和 ABS 两种材质。二者都是工程塑料，具有良好的热塑性，通常用于打印小物体模型。除了以上两种比较常用的 3D 打印材料外，还有光敏树脂液体材料，金属、陶瓷粉末等材料。要根据打印物品的需要准备好打印材料，并在打印机上安装好，使机器能够正常进丝、送料。

准备工作结束后就可以进行打印了。

（1）打开切片软件，选择添加模型。

（2）生成 X3G 文件。添加 STL 模型后，单击"打印设置"按钮进行具体的参数设置。主要是根据材料修改平台温度，根据打印的物体的厚度选择层厚，根据物体形状选择是否需要支撑等基础数据，完成以后输出 X3G 格式到想要保存的位置。

（3）单击打印选项，开始打印作业。打印进度达到 100% 时，屏幕显示打印完成。

（4）打印结束后，喷头自动归位。为方便取下打印好的模型，可以先将打印平台降下来，然后用刮板轻轻地将模型从平台上刮下来，进行打磨、喷漆等后续操作。

【任务工单】

任务名称	增材制造技术及其应用	指导教师	
班级		组长	
组员姓名			

任务要求	通过查阅文献、书籍、视频等形式的资料，了解 3D 打印技术及其应用，并利用 SLA 设备或者 FDM 打印设备进行简单零件的打印操作
材料清单	
参考资料	
决策与方案	
实施过程记录	

文档清单列写本任务完成过程中涉及的所有文档（纸质或电子文档）：

序号	名称	电子文档存储路径	完成时间	负责人
1				
2				

【任务实施】

（1）组员分工详情：

姓名	负责内容

（2）详细实施方案：

【任务评价】

任务名称	增材制造技术及其应用		得分	
组长			汇报时间	
组员				
任务要求	通过查阅文献、书籍、视频等形式的资料，了解 3D 打印技术及其应用，并利用 SLA 设备或者 FDM 打印设备进行简单零件的打印操作			
文档接收清单	接收本任务完成过程中设计的文档			
	序号	文档名称	接收人	接收时间
	1			
	2			
验收评分	评分细则表			
	评分标准	分值		得分
	成员分工明确，进度安排合理	20 分		
	打印件三维建模尺寸、形貌准确	20 分		
	打印设备操作的规范性，作品完整程度	40 分		
	课堂交流汇报效果	20 分		
教师评语				

项目二　凸台零件的逆向建模

项目简介

"工欲善其事，必先利其器"。欲使用 Geomagic Design X 对数字模型文件进行处理与重构，首先要求我们熟悉软件界面、掌握常用工具命令以及会运用鼠标和键盘进行快捷操作。同时，也要求我们熟悉整个工作的基本流程与环节，这样才能做到事半功倍，快速、高效地完成工作任务。本项目中的凸台零件，形体较为简单，但是将点云数字模型转化为 CAD 模型所涉及的环节与方法却是后续众多复杂项目所共通的。

本项目分为两个任务模块。在任务一中，主要完成凸台零件的点云数据处理与坐标对齐，并保存工作文件。任务二接续任务一，最终实现凸台零件的模型重构，并输出 CAD 模型文件。

图 2-1 所示为凸台零件的实体模型。

图 2-1　凸台零件的实体模型

任务一　凸台零件的点云处理与坐标对齐

【学习目标】

（1）熟悉 Geomagic Design X 软件的操作界面、常用工具和键盘鼠标操作。

（2）掌握 Geomagic Design X 文件的保存、打开与查看。

（3）掌握模型坐标对齐的方法：$X - Y - Z$ 法。

（4）认识创新是第一动力的内涵。

【任务描述】

将给定的凸台点云数据文件导入软件中，并转换为三角面片文件。使用手动对齐命令，使模型前后对称面与前参照平面完全重合，左右对称面与右参照平面完全重合，底部位于上参照平面，操作完成后保存文件。

【引导问题】

引导问题 1：

你认为 Geomagic Design X 软件与 SolidWorks 软件的界面与常用操作有何异同？

引导问题 2：

点云数据文件与 CAD 模型文件有什么区别？

【知识充电】

界面与基本操作

一、Geomagic Design X 操作界面

Geomagic Design X 采用用户熟悉的 Windows 图形界面，操作方便、简便易学、容易掌握。在桌面双击图标 **Dx**，即可打开 Geomagic Design X 软件。Geomagic Design X 操作界面是用户对文件进行操作的基础，如图 2 - 2 所示为打开数模文件后 Geomagic Design X 的工作界面，其中包括菜单栏、功能区、"树"窗口、工作区及各种工具栏等。在工作区中已经预设了三个基准面和位于三个基准面交点的原点，这是建立零件最基本的参考。而在工作区的左下角，可以看到有 XYZ 三轴形成的参考坐标系。

快速访问工具栏 **Dx** 📄 📄 🗋 📁 📁 📁 ⤺ ⤻ ▾ ，位于软件操作界面最上方靠左处，此处列出了较为常用的命令，分别为"新建""打开""保存""导入""输出""设置""撤销"与"恢复"。对于初次使用，可以单击"设置" 📄 图标，弹出对话框，如图 2 - 3 所示。在该对话框中，用户可以对软件进行初始化与个性化更改。例如，熟悉 SolidWorks 操作的用户，可以将鼠标操作方式更改为 SolidWorks，以适应用户的使用习惯。

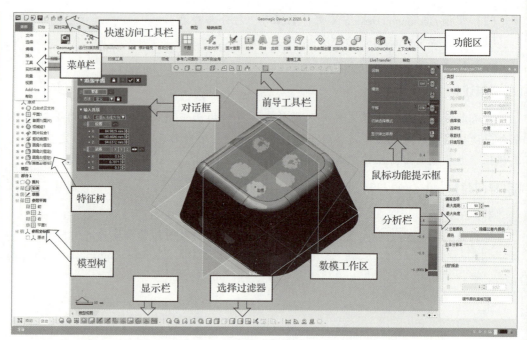

图 2-2　Geomagic Design X 操作界面

图 2-3　软件的"设置"对话框

　菜单栏中包含了所有 Geomagic Design X 命令，在系统默认的情况下，Geomagic Design X 的菜单栏是隐藏的，可以将鼠标指针移动到红色的"菜单"字样位置，单击左键即可重新显示。

　　"功能区"位于标题栏的下方区域，又称为"功能选项卡区"。Geomagic Design X 大部分操作按钮都分布在这个区域相对应的选项卡中。当单击各选项卡标签时，会切换到与之相对应的功能区面板。各选项卡标签当前依次有"初始""实时采集""点""多边形""领域""对齐""草图""3D 草图""模型"和"精确曲面"等。每个选项卡根据功能的不同分为若干个组，每一组由不同功能的按钮组成，当前显示的是"初始"功能选项卡。

　　"树"窗口包括"特征树"和"模型树"两个部分，其中列出了数字模型文件中的所有零件、特征以及基准和坐标系等，并以树的形式显示模型结构。通过"树"可以很方便地查看、显示及修改模型，也能够方便观察建模过程。

　　在功能区任意一处单击鼠标右键，可弹出快捷菜单，选择"自定义功能区"选项，然后在弹出的对话窗口中，可设置功能区中各个选项卡的工具按钮，如图 2-4 所示。

图 2-4　"自定义功能区"对话框

　　在软件操作界面下方，单击鼠标右键，在弹出的如图 2-5 所示的快捷菜单中，可以通过单击来勾选需显示的相应工具。

　　鼠标右键单击"树"窗口，弹出窗口的状态选项菜单，如图 2-6 所示，默认是窗口左侧锚定（Docking）。当用鼠标拖曳"树"窗口时，其呈现浮动状态（Floating），注意此时会出现四个蓝色小框，提示新的放置位置，如图 2-7 所示。

图 2-5 快捷菜单

图 2-6 状态选项菜单

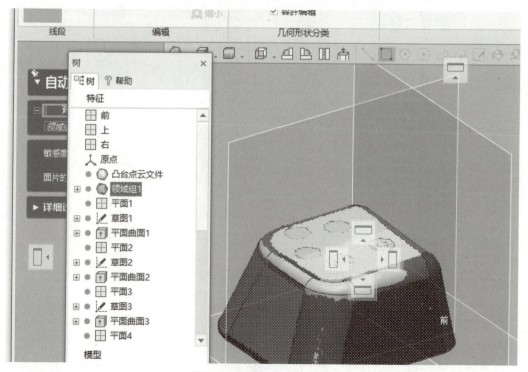

图 2-7 "树"窗口的拖动

二、Geomagic Design X 常用工具介绍

Geomagic Design X 将常用的命令分门别类形成各种工具栏，并置于工作区周围，方便用户使用。这些工具栏有：前导工具栏、分析栏、显示栏与选择过滤器等。前导工具栏位于数模工作区的正上方，集中了较为常用的一些命令，如图 2 – 8 所示。 用于图形的渲染显示，其功能主要是以不同形式显示面片，其中包括点集、线框、单元面渲染等。 是三维建模软件中较为常用的命令，主要显示模型边线的可见性。

图 2 – 8　前导工具栏与各命令

是体偏差命令，该命令工作时，工作区右侧的分析栏"Accuracy Analyzer（TM）"也就同时被激活，如图 2 – 2 所示。该命令可以将实体或曲面模型与其原始扫描数据进行比较，以不同的颜色来显示建模的超差问题。在建模命令或基准模式中将其激活可以帮助用户进行建模决策，以取得最精确的结果。注意命令激活时，其底色会显示为淡红色。

用来更改当前视图方向。单击右侧的下拉箭头，出现各个视图，单击鼠标即可切换显示各种视图。 帮助用户以 90°去逆时针/顺时针旋转当前视图，而 则是以 180°翻转当前视图。当需要垂直观察某个选择面时，可以单击 ，其会以所选面的法线方向切换视角，该命令对于曲面也同样适用。

在图 2 – 8 中，"选择模式命令"可以帮助用户选取三角面片。例如， 是直线选择模式，按住鼠标左键拖动鼠标，便可拉拽出一条直线，直线所经过的三角面片便会被选取。如图 2 – 9 所示是几种不同选择模式的比较。注意，当按住"Shift"键后，可以实现连选。笔刷选择模式 也是选取三角面片的常用命令，使用时，鼠标指针成为一支笔刷，背后是红色圆形，右下角带有白色小三角，如图 2 – 10 所示。使用该命令可以选取自由绘制路径上的要素。当需要实现精细选择或者大范围选择的时候，可以调整笔刷大小。具体方法是：按下键盘"Alt"键，此时笔刷转变成双头白色箭头，按住鼠标左键进行拖动可以改变笔刷大小，如图 2 – 10 所示。调整完毕后，松开键盘"Alt"键即可。

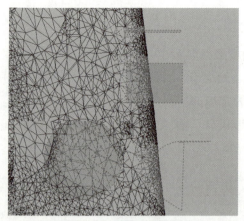

图 2-9　不同选择模式的比较

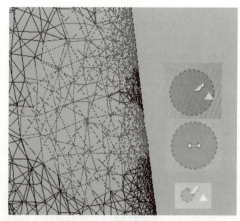

图 2-10　更改笔刷大小

位于工作区下方的显示栏 ，列出了控制面片、领域、点云等对象可见性的命令。在模型树中也可以通过单击 ◎ 来控制相关对象的可见性。

选择过滤器 ，提供了精确选择一类对象的方法，例如当需要选择顶点时，便可以单击 （顶点），此时在工作区只能选择模型的顶点。

以上各个工具都有相应的快捷键，熟练使用快捷键将会大大提高工作效率。

三、鼠标与键盘的操作

鼠标左键：单击鼠标左键时用于选择对象、菜单项目等；双击鼠标左键时则对操作对象进行属性管理。

鼠标中键：①单击鼠标中键，则鼠标指针在"选择"模式与"旋转"模式之间切换，注意观察到工作区右上角会出现"鼠标功能提示框"，以显示内容的相应切换。②平移。先按住"Ctrl"键，再按住鼠标中键，光标变为白色十字，拖动鼠标可平移画面。③旋转。仅按住鼠标中键，光标变为旋转符号，拖动鼠标可旋转画面。④滚动鼠标中键可实现画面的缩放。

鼠标右键：单击鼠标右键时，可以弹出关联的快捷菜单。

鼠标指针经过对象上方时，待选的对象会呈现红色，而选中的对象会呈现亮蓝色，方便用户分辨对象并加以选取。

Geomagic Design X 的快捷键和鼠标的操作与 Windows 操作系统基本相同。例如，单击，即可选择实体或取消选择实体，而按"Ctrl"键同时单击，可以选择多个实体或取消选择多个实体。除基本操作外，使用常用的快捷键组合，也可以方便、快捷地操作软件。例如，"Alt"+数字键，可实现前后左右等视图的切换。"Ctrl"+数字键，可实现不同对象可见性的开闭。

凸台的逆向建模
项目实施

【操作提要】

第一步，点云数据的自动处理。双击 Geomagic Design X 图标，打开软件，单击快速访问工具栏中的"导入"按钮 ，导入"凸台点云文件.asc"，并单击对话框中的"运行面片创建精灵"按钮。在弹出的如图 2-11 所示的"面片创建精灵"对话框中直接单击 ✓ 按钮，在随后弹出的对话框中，单击"适用"按钮。此时，软件将自动将通过扫描设备获取的点云数据文件转换为三角面片文件。

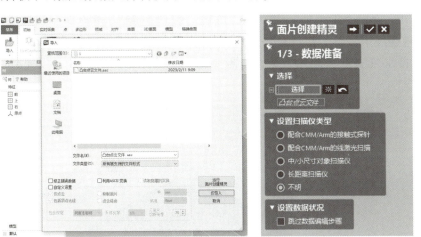

图 2-11 创建三角面片

选择前导工具栏的第一个按钮——渲染，在下拉菜单中选择 （线框），将当前数模文件显示为线框模式，此时可以观察到该模型由大量三角形组成的网格，如图 2-12 所示。

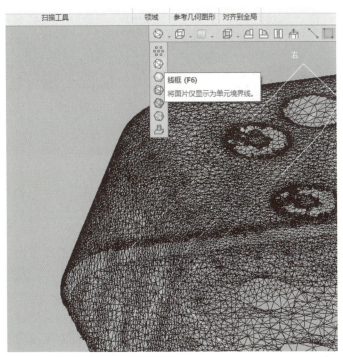

图 2-12 三角面片的显示

第二步，文件的保存、打开与查看。单击"菜单"→"文件"→"另存为"命令，保存文件为"凸台.xrl"。注意文件名的后缀".xrl"为 Geomagic Design X 的文件格式。同样也可以通过单击快速访问工具栏中的按钮 ▦，进行快速保存。若要打开该文件，可以在相应保存文件夹中双击"凸台.xrl"，便可以进行进一步建模工作。

第三步，新建参考平面。单击视图按钮→前视图 ▦，或者使用快捷键"Alt"+"1"，以前视展示，如图 2-13 所示。通过观察可以发现，此时的数模文件处于倾斜颠倒状态，并未与三个基准面一致，这需要进一步的坐标对齐操作，以便后续的建模操作。

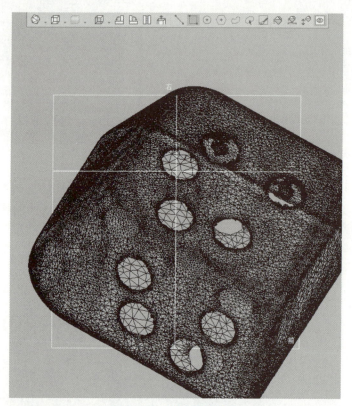

图 2-13 前视图的选取

使用键盘中的"Ctrl"结合鼠标中键，实现移动与旋转，将凸台模型的底部调整到恰当视角，然后在功能区→"初始"选项卡中，使用平面 ▦ 工具，该工具按钮也可以在模型选项卡中找到。选择适当多的点可以获得相对精准的参考面，因此在弹出的对话框中，单击"选择多个点"选项，如图 2-14 所示。最后单击 追加平面 🔒 ✓ × 中的对勾按钮 ☑ 进行确定。左侧特征树窗口中，会随即生成一个名为"平面 1"的特征，如图 2-15 所示，单击前方的加号可以展开以供查看关于该特征的其他相关特征。在特征树下方的模型树里，单击"参照平面"前方的加号，可以发现除了三个基准平面之外，多了一个"平面 1"，这是软件对模型特征的另一种组织，方便用户选择。选中该平面后，特征树和模型树中的名称都会蓝色高亮显示。

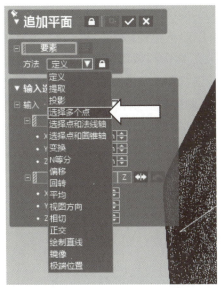

图 2-14　前视图的选取

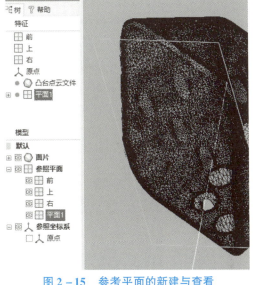

图 2-15　参考平面的新建与查看

第四步，绘制草图。首先选中"平面1"，然后在功能区→"初始"选项卡中，选择面片草图 📐 面片草图，或者在"草图"选项卡中选择"面片草图"命令，弹出的"面片草图的设置"对话框，按照默认设置即可，可以看出，工作区出现四边有蓝色与红色圆点的切割平面，使用鼠标拖曳图中箭头，如图 2-16 所示，此时箭头变成金色，切割平面随着鼠标的移动而不断切割模型产生亮蓝色断面轮廓，同时在已经选择好的"平面1"中投影出亮蓝色的虚线轮廓。当获得比较光滑的参考轮廓线时，便可停止鼠标的拖动，单击对话框的 ✓ 按钮进行确定，在"平面1"中的断面轮廓投影将会正视于屏幕，呈现桃红色。

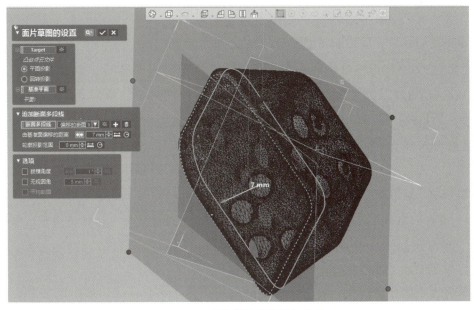

图 2-16　面片草图的设置与生成

单击下方显示栏的面片显示按钮 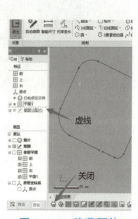 ，暂时不显示模型以方便此时草图绘制，如图 2–17 所示，注意到在特征树中出现"草图 1（面片）"，并且其在虚线下方，表示当前正处于草图绘制模式，而且草图选项卡中的相关工具全部激活可用。使用直线命令 ，当鼠标掠过一条轮廓线时，其呈现黄色待选状态，单击则成为蓝色，然后单击鼠标右键出现右键菜单，选择"适用拟合"命令，则生成一条独立的蓝色线段。再选择右侧线条，生成另外一条蓝色线段，如图 2–18 所示。

图 2–17　隐藏面片

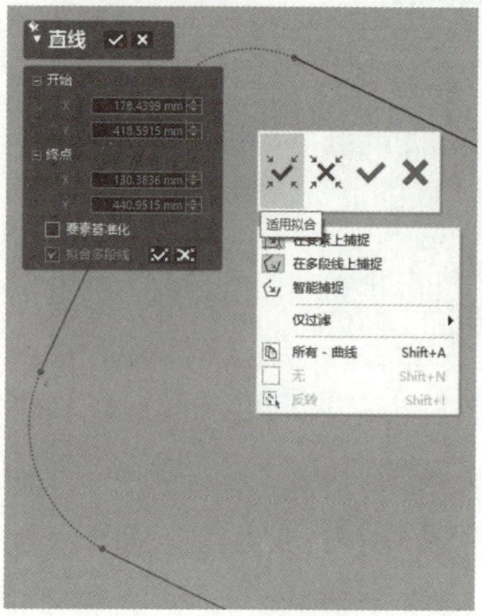

图 2–18　绘制直线

将鼠标移动至第一条直线段的中点，当出现 时，表示此时捕捉到该线段的中点，单击作为新的直线段的起点，然后当鼠标再次靠近之前直线段时，出现垂线符号，并出现相互垂直的虚线引导线时，再在适当处单击鼠标生成原来直线段的垂直线，如图 2–19 所示。同样的方法生成另外一条直线段的垂直线段，然后单击 按钮确认。单击绘制圆命令 ⊙圆▾ ，鼠标凑近两条线段的交点，当出现 符号时，表示捕捉到了圆心，单击该点可绘制一个圆形。单击工作区

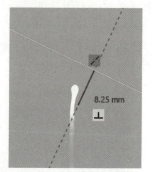

图 2–19　绘制垂直线

右下方的 按钮，或者上方选项卡的退出按钮 ，皆可退出草图绘制。两条垂线段和此时绘制的圆便可以作为后续对齐的参考。

第五步，X–Y–Z 手动对齐。单击显示按钮 ，打开显示面片，参考工作区左下角的坐标轴，分析模型最终要调整的恰当方向。单击"初始"选项卡中手动对齐按钮 ，或者"对齐"选项卡中该工具，在对话框中"移动实体"字样下方默认已经选择了"凸台点云文件"，单击 ➡ 按钮，进入下一步，此时工作区自动分为两个窗口显示，以方便比对，如图 2–20 所示。

移动方式选择使用 X–Y–Z 方式，接着"位置"黄色高亮，表示此时需要选择参考要求来确定坐标系位置。为了方便选择，可以单击 按钮，隐藏面片，将鼠标

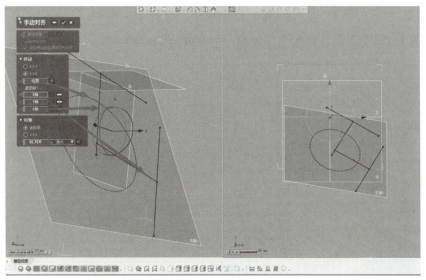

图 2 − 20　手动对齐

移动到之前绘制的圆形上，单击圆形的边线，则完成位置的确定。X 轴和 Z 轴的选择可以参考图 2 − 20。完成选择之后，打开显示面片，观察右侧窗口的模型已经按照预期的调整方式与坐标轴对齐后，便可以单击 ✔ 按钮确认。此处也可以通过单击 ⊟ X轴 ❋ ↔ 中的反转按钮 ↔ 来调整。最后单击 手动对齐 ← ✔ × 中的 ✔ 按钮加以确认，退出对齐。

如图 2 − 21 所示，使用等轴测视图，对比左下角系统默认坐标轴，观察模型，可以看到，此时模型已经调整正确，其前后对称面与前参照平面完全重合，左右对称面与右参照平面完全重合，底部位于上参照平面。作为参考的草图此时可以删除或者隐藏。

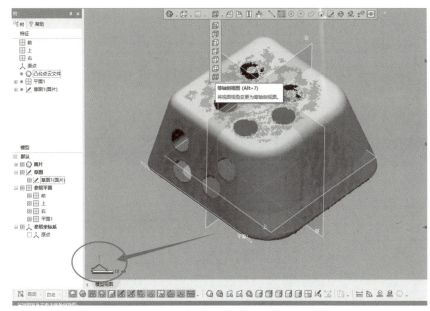

图 2 − 21　模型的等轴测视图

第六步，保存文件"凸台.xrl"，退出软件。

【任务工单】

任务名称	凸台零件的点云处理与坐标对齐		指导教师	
班级			组长	
组员姓名				
任务要求	在已有的点云文件基础上，参照【操作提要】部分的讲解，对点云数据进行处理，获得三角面片文件，进而将零件在默认坐标系中对齐			
材料清单				
参考资料				
决策与方案				
实施过程记录				
文档清单	列写本任务完成过程中涉及的所有文档（纸质或电子文档）：			

序号	名称	电子文档存储路径	完成时间	负责人
1				
2				

【任务实施】

（1）组员分工详情：

姓名	负责内容

（2）详细实施方案：

【任务评价】

任务名称	凸台零件的点云处理与坐标对齐	得分	
组长		汇报时间	
组员			
任务要求	在已有的点云文件基础上，参照【操作提要】部分的讲解，对点云数据进行处理，获得三角面片文件，进而将零件在默认坐标系中对齐		

文档接收清单

接收本任务完成过程中设计的文档：

序号	文档名称	接收人	接收时间
1			
2			

验收评分

评分细则表

评分标准	分值	得分
任务方案的合理性	20 分	
成员分工明确，进度安排合理	20 分	
资料收集完成程度	40 分	
课堂交流汇报效果	20 分	

教师评语	

任务二　凸台零件的 CAD 模型文件生成

【学习目标】

（1）了解模型的导出操作。

（2）了解模型重构的工作流程与环节。

（3）了解领域的划分，掌握曲面剪切命令和圆角命令。

【任务描述】

将经过对齐操作的模型文件进行领域划分。使用面片拟合命令生成曲面，并对曲面进行剪切编辑。增加圆角特征，分析体偏差，要求最终 CAD 模型的精度控制合适，无超差。

【引导问题】

引导问题 1：

三角化之后的模型为什么要进行领域划分？

引导问题 2：

使用体偏差命令检查建模超差时，不同颜色有何意义？如何进一步改善？

【知识充电】

点云数据文件与三角化

把产品的模型或实物转化为 CAD 数字模型是逆向工程的任务，所以逆向工程的关键技术便是数据采集技术、数据处理技术、曲面重构技术。通过特定的测量设备和测量方法获取到的零件表面离散点的几何坐标数据，称为点云数据，随后进行曲面的重构、评价、改进和制造等工作都要基于点云数据文件。逆向工程的工作流程如图 2 – 22

所示。本项目中"凸台点云文件.asc"便是点云数据文件。

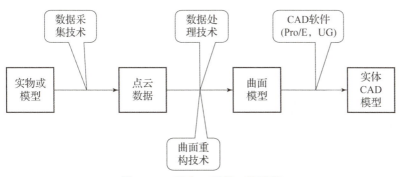

图 2-22　逆向工程的工作流程

点云数据的处理大致可分为点云数据的拼接、分块、去噪、精简等。

实物模型重建就是根据测量得到的反映几何形体特征的一系列离散数据在计算机上获得形体曲线曲面，大多曲面重建的对象是散乱的数据点。在动画、虚拟环境、网络浏览、医学扫描、计算机游戏等领域可以看到许多由三角网格构建的实体模型，所以点云数据的三角化尤为重要。使用 Geomagic Design X 将实物模型重建，首先要对散乱的数据点进行三角化，然后再在三角网格的基础之上进行曲面拟合进而实现模型重建。

在处理三角片文件方面，Geomagic Design X 具有较好的操作性和可视性，处理速度也较快。在 Geomagic Design X 中，可以使用补洞、砂纸、平顺、投影边界等工具来处理三角片文件，也可以评估处理三角片文件带来的误差。

【操作提要】

第一步，划分领域。打开文件"凸台.xrl"，在功能区的"初始"选项卡中，单击 （自动分割领域命令），或者在"领域"选项卡中选择该命令，如图 2-23 所示，对话框中当前"对象"下方已经选择了"凸台点云文件"，注意到"敏感度"数值此时为 50。单击 按钮确定后，在特征树出现"领域"特征，自动命名为"领域组 1"。观察自动领域的分割效果，如图 2-24 所示，该零件的"面 1"与"面 2"颜色相同，

图 2-23　自动分割领域

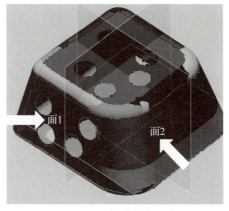

图 2-24　领域分割分析

表示两者划分成一个领域，这是不满足后续建模需要的。"面1"与"面2"分别为两个独立的平面，是零件的两个侧面。双击特征树中"领域组1"，在对话框中调整"敏感度"数值为100，确定后再次观察领域划分效果，如图2-25所示，此时"面1"与"面2"划分为不同的两个领域。

图2-25 正确分割领域

第二步，面片拟合。在功能区的"初始"选项卡中，单击 ◇ 面片拟合 （面片拟合命令），或者在"模型"选项卡中选择该命令。在弹出的对话框中，"领域/单元面"高亮，此时选择模型的四个侧面与上下面，如图2-26所示，然后单击 ➡ 按钮进入下一阶段即下一步后，模型显示为被六张紧贴的平面包裹，如图2-27所示。单击 ✔ 按钮后退出"面片拟合"命令，效果如图2-28所示。

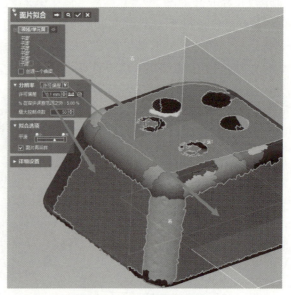

图2-26 面片拟合对话框

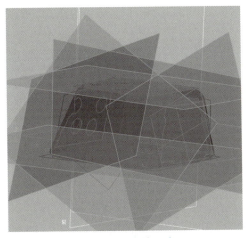
图 2-27　面片拟合

图 2-28　拟合效果

第三步，编辑曲面，生成特征。通过"面片拟合"命令生成的面，会在模型树中出现"曲面体"分组，点开前方加号，会看到一共有六个命名为"面片拟合"的曲面体，如图 2-29 所示。本步骤将会使用"模型"选项卡中 （剪切曲面命令），对这些曲面体进行裁剪与编辑。

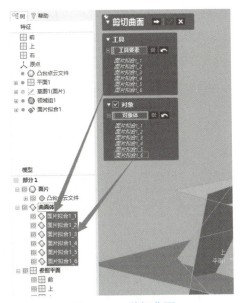
图 2-29　剪切曲面

单击 （剪切曲面命令），在弹出的对话框中，可单击"工具"选择六个曲面体，也可以直接单击模型树中"曲面体"进行全部选择，对象也是该六个曲面体。

然后单击 按钮进入下一阶段，在弹出的对话框中出现"结果"，提示要选择保留体，使用鼠标分别点取六个位置的面作为保留体，如图 2-30 所示。单击 按钮确认后，得到如图 2-31 所示剪切结果。

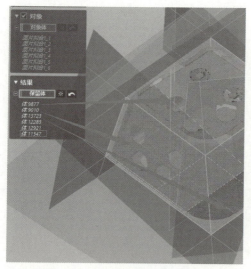

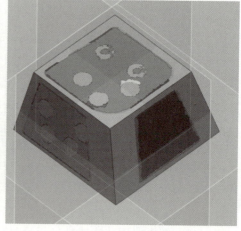

图 2-30　保留体选择　　　　　　　　图 2-31　剪切结果

第四步，分析模型体偏差。在工作区右侧分析栏处选择 ⦿体偏差，或者在前导工具栏处单击"体偏差"按钮 ▢ 进行体偏差检测，如图 2-32 所示，观察此时的模型可以发现，该模型左右侧面与上下面呈现绿色，说明这些地方建模并未超差，符合预期精确度的要求。但是，模型众多棱角呈现红色说明严重超差，需要进一步建模修改。在软件下方显示栏，单击 ⊙ （实体），关闭实体可见性，观察模型后可知，该模型各处有圆角，造成体偏差超差的原因便是没有添加圆角特征。

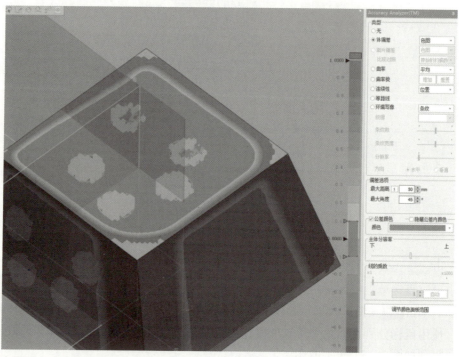

图 2-32　体偏差分析

第五步，添加圆角特征。单击 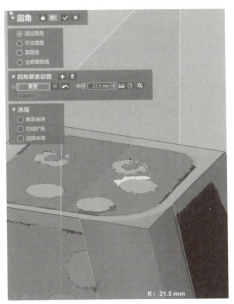（实体），打开实体。在"模型"选项卡处，选择 ⬚ 圆角命令。在对话框中，圆角类型选择为"固定圆角"，"圆角要素设置"中要素为如图 2 – 33 所示台体棱边，半径设置为 21.5 mm。单击"体偏差" ⬚ 命令进行体偏差检测，发现此处增加圆角特征后，模型的颜色呈现绿色，说明该圆角半径设置恰当。再次选择 ⬚ 圆角命令，在对话框中，可以同时设置多处圆角，即单击"圆角要素设置"后边的加号，分别增加 7 mm、9.5 mm、15.5 mm 三个圆角特征，如图 2 – 34 所示。

进一步单击圆角命令，增加圆角特征。注意到"圆角要素"可以是边线、环、面，因此在对下侧增加圆角特征的时候，可以使

图 2 – 33　圆角特征

用软件下方选择过滤器中"面选择" ⬚ 命令（只允许面的选择），仅选择面，单击半径后方 ⚙ 按钮（由面片估算半径），软件获取的半径值为 2.112 2 mm，设置如图 2 – 35 所示，使用该功能可以获得比较准确的圆角半径。

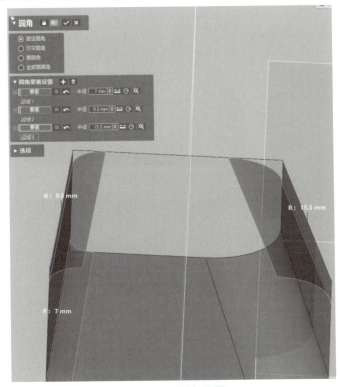

图 2 – 34　圆角设置

顶面增加圆角特征，使用"由面片估算半径"可获得圆角半径为 6.432 mm，确定后，观察颜色分析体偏差，如图 2－36 所示，此时模型绝大部分呈现绿色，说明基本满足精度要求。但是，顶部少量局部是蓝色，说明"材料"少、超下差，圆角半径需要减少；少量局部是橙色，说明"材料"多、超上差，圆角半径需要增大。因此，综合分析可知，顶面四周圆角的半径并不是固定值，需要进一步调整。

第六步，调整圆角特征。单击特征树中"圆角4（恒定）"前的黑色小点，黑点成为禁止符号⊘ ⬡圆角4(恒定)，则该项圆角特征消失，处于压缩状态，如图 2－37 所示。再次选择⬡ 圆角命令，在对话框中，圆角类型选择为"可变圆角"，圆角要素选择顶面四周边线（一共八条），此时会出现默认值"R：1 mm"，单击这些数字便可以进行更改，具体半径值应参考之前的体偏差分析结论加以调整，如图 2－38 所示。

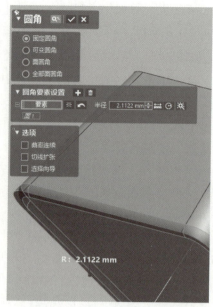

R: 2.1122 mm

图 2－35　由面片估算圆角半径

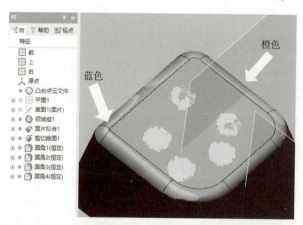

图 2－36　体偏差分析

图 2－37　压缩圆角

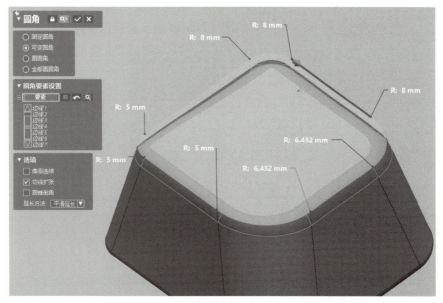

图 2 – 38　使用"可变圆角"调整圆角

　　确定之后，再次利用体偏差命令观察修改效果，可以发现此时只有两处小的局部有偏差，需要进一步在这两处增大或者缩小圆角半径。双击特征树中该圆角特征 ⊞●🗋圆角5(可变)，对圆角半径进行更改直至消除超差为止。最终效果如图 2 – 39 所示，模型重构完毕。

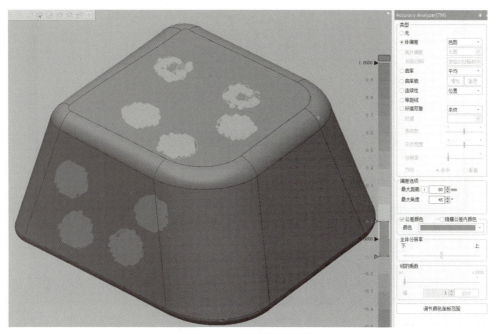

图 2 – 39　无超差的模型

　　第七步，选择 STP 格式，输出 CAD 模型文件。单击快速访问工具栏中的"输出"按钮 📤，或者单击"菜单"→"文件输出"命令，在对话框中，"要素"选择模型树下的实体，如图 2-40 所示。单击✓按钮确认，软件弹出"输出"窗口，文件名命名为"凸台"，保存类型选择为".stp"，如图 2-41 所示。最后保存原文件并退出软件。

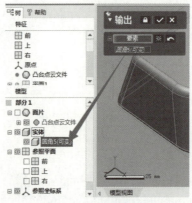

图 2-40 要素选择

图 2-41 保存类型的选择

CAD 模型文件"凸台.stp"，可以通过 SolidWorks 等其他三维设计软件识别打开，然后再进行进一步的创新与建模。

【任务工单】

任务名称	凸台零件的 CAD 模型文件生成	指导教师	
班级		组长	
组员姓名			
任务要求	在已有的三角面片文件 .stl 基础上，通过逆向设计软件 Geomagic Design X 进行操作，获得凸台的实体模型，并要求体偏差不超过 ±0.5 mm		
材料清单			
参考资料			
决策与方案			
实施过程记录			

文档清单

列写本任务完成过程中涉及的所有文档（纸质或电子文档）：

序号	名称	电子文档存储路径	完成时间	负责人
1				
2				

【任务实施】

（1）组员分工详情：

姓名	负责内容

（2）详细实施方案：

【任务评价】

任务名称	凸台零件的 CAD 模型文件生成		得分	
组长			汇报时间	
组员				
任务要求	在已有的三角面片文件 .stl 基础上，通过逆向设计软件 Geomagic Design X 进行操作，获得凸台的实体模型，并要求体偏差不超过 ±0.5 mm			

文档接收清单	接收本任务完成过程中设计的文档：

序号	文档名称	接收人	接收时间
1			
2			

验收评分

评分细则表

评分标准	分值	得分
成员分工明确，进度安排合理	20 分	
CAD 模型尺寸、形貌准确	20 分	
方法得当	40 分	
课堂交流汇报效果	20 分	

教师评语	

项目三 拔模结构逆向建模

项目简介

对于铸造零件以及模具制造的零件，一般都会有拔模斜度的存在，如何对这种结构进行建模就是本项目所要学习的重点内容。我们将结合已经掌握的命令来对比进行建模，体会同样的模型使用不同建模命令创建的方法，扩展同学们的建模思路。

任务一 无扫描数据的拔模结构建模

【学习目标】

(1) 掌握拉伸等命令中的拔模操作。

(2) 学会分析复杂零件的逆向建模顺序。

(3) 培养学生分析问题和解决问题的能力。

【任务描述】

熟练 Geomagic Design X 软件，掌握"拔模""基础实体"等命令的使用。

【知识充电】

拔模斜度

拔模通常用于对模型、部件、模具或冲模的竖直面添加斜度，以便借助拔模面将部件或模型与其模具或冲模分开。铸造时为了从砂中取出木模而不破坏砂型，零件毛坯设计往往带有上大下小的锥度，叫拔模斜度。

【操作提要】

在没有扫描数据的情况下创建草图配置文件，并且在草图模块中创建圆盘特征，如图 3–1 所示。首先进入草图模式，在"草图"选项卡的"设置"组中，单击"草图"以进入"草图"模式。也可以通过右键单击模型视图的任何空白区域并单击上下文菜单中的"草图"来快速进入草图模式。

选择前视基准面作为参考平面。在"素描"选项卡的"绘制"组中，单击"圆形"命令或选择"菜单"→"工具"→"素描实体"→"圆形"命令来绘制圆形。将

图 3 – 1　由草图创建圆盘特征

圆心置于原点处，以半径 60 mm 绘制圆，如图 3 – 2 所示。在"素描"选项卡的"绘制"组中，单击"智能尺寸"命令或选择"菜单"→"工具"→"智能尺寸"命令，为圆形添加尺寸约束。

在模型选项卡的创建实体组中，单击"拉伸实体"命令来创建一个圆盘特征。选择"草图 1"作为基础草图，设置长度为 10 mm（见图 3 – 3），并选择"拔模"选项，设置角度为 5°。

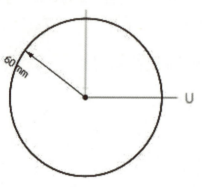

图 3 – 2　尺寸约束的"草图 1"

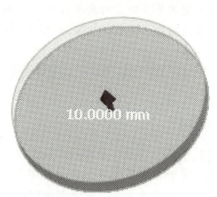

图 3 – 3　"草图 1"拉伸

进入草图模式，选择拉伸圆柱体的顶面作为基准面。绘制半径为 40 mm 和 35 mm 的圆，然后绘制矩形草图，如图 3 – 4 所示。在"草图"选项卡的"工具"组中，单击"剪切"命令，删除内部草图区域。在"草图"选项卡的"工具"组中，单击"倒圆角"命令，设置半径为 20 mm，并选择草图，在草图之间添加圆角，如图 3 – 5 所示。

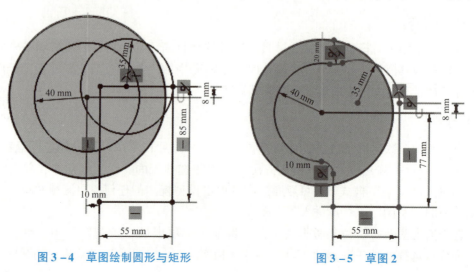

图 3 – 4　草图绘制圆形与矩形

图 3 – 5　草图 2

在"模型"选项卡的"创建实体"组中，单击"拉伸实体"命令来创建一个圆盘特征。选择"草图 2"作为基础草图，设置长度为 60 mm，并选择"拔模"选项，设置角度为 5°。选择相反方向拉伸，设置长度为 10 mm，并选择"拔模"选项，设置角度为 5°。其效果如图 3 – 6 所示。

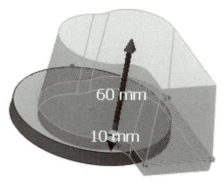

图 3 – 6 "草图 2"拉伸

进入草图模式，选择上视基准面作为参考平面，绘制如图 3 – 7 所示草图。注意：在草图模式下，草图视点可能与图 3 – 7 不同。可以通过单击工具栏中的"逆时针旋转视图""顺时针旋转视图"和"翻转视角"按钮来改变当前的视角。

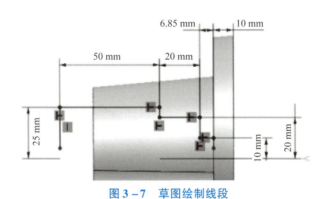

图 3 – 7 草图绘制线段

在"草图"选项卡的"绘制"组中，单击"直线"菜单下的"中心线"命令绘制中心线。在"草图"选项卡的"工具"组中，单击"剪切"命令或选择"菜单"→"工具"→"素描工具"→"修剪"命令，选择角修剪选项并修剪所有草图，使草图如图 3 – 8 所示。

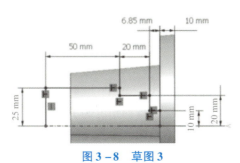

图 3 – 8 草图 3

在"模型"选项卡的"创建实体"组中,单击"旋转"命令或选择"菜单"→"插入"→"实体"→"旋转"命令,创建一个旋转特征,选择"草图3"作为基础草图,如图3-9所示。在结果操作符中选择"切除"选项,然后单击"OK"按钮。

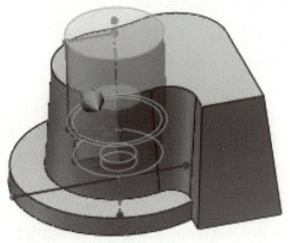

图3-9 草图3

进入草图模式,选择拉伸圆柱体的顶面作为参考平面,在"草图"选项卡的"绘制"组中,单击"圆形图案"命令,画一个半径为5 mm的圆,如图3-10所示;尺寸限制如图3-11所示。

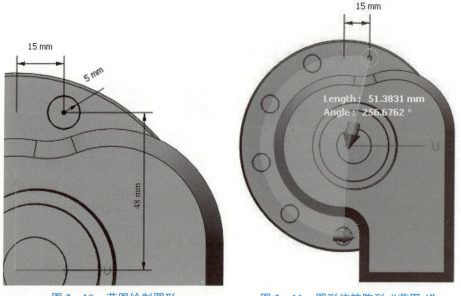

图3-10 草图绘制圆形   图3-11 圆形旋转阵列"草图4"

在"草图"选项卡的"阵列"组中,单击"草图旋转阵列"命令,选择绘制的圆形草图为阵列特征,阵列数量为6个,阵列角度为190°,将草图原点作为阵列中心。

进入草图模式,选择主体实体的顶面作为参考平面,创建如图3-12所示的草图。

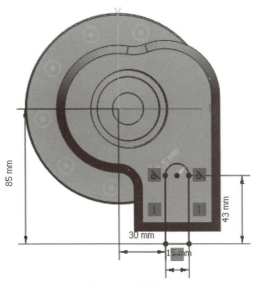

图 3 – 12　草图 5

在"模型"选项卡的"创建实体"组中，单击"拉伸"命令创建一个拉伸特征，选择"草图 4"作为基础草图，并设置长度为 10 mm，然后单击翻转方向，选择"拔模"选项并设置角度为 5°，在结果操作符中选择"切除"选项，单击"OK"按钮，其效果如图 3 – 13 所示。

在"模型"选项卡的"创建实体"组中，单击"拉伸"命令创建一个拉伸特征，选择"草图 5"作为基础草图，并设置长度为 40 mm，然后单击翻转方向，选择"拔模"选项并设置角度为 5°，在结果操作符中选择"切除"选项，单击"OK"按钮，其效果如图 3 – 14 所示。

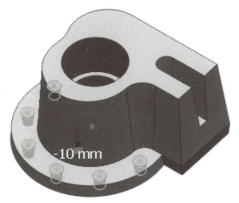

图 3 – 13　"草图 4"切除

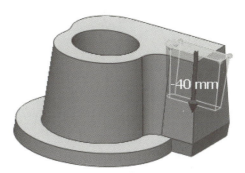

图 3 – 14　"草图 5"切除

在"模型"选项卡的"编辑"组中，单击"圆角"命令，选择常量圆角选项，选择如图 3 – 15 所示的边缘，并设置半径为 5 mm。

在"模型"选项卡的"编辑"组中，单击"圆角"命令，选择常量圆角选项，选择如图 3 – 16 所示的边缘，并设置半径为 5 mm。

 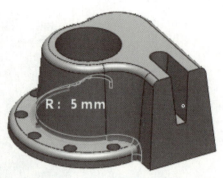

图 3 – 15　倒圆角（一）　　　　　　　　　图 3 – 16　倒圆角（二）

在"模型"选项卡的"编辑"组中，单击"圆角"命令，选择常量圆角选项，选择如图 3 – 17 所示的边缘，并设置半径为 3 mm。

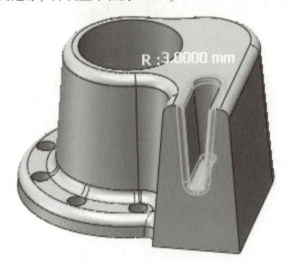

图 3 – 17　倒圆角（三）

【任务工单】

任务名称	无扫描数据的拔模结构建模	指导教师	
班级		组长	
组员姓名			
任务要求	在无扫描数据的情况下，按照【操作提要】中的主要步骤建立模型，进一步实现相应拔模结构的创建。实体创建结构完整，尺寸正确		
材料清单			
参考资料			

决策与方案	
实施过程记录	
文档清单	列写本任务完成过程中涉及的所有文档（纸质或电子文档）：

序号	名称	电子文档存储路径	完成时间	负责人
1				
2				

【任务实施】

（1）组员分工详情：

姓名	负责内容

（2）详细实施方案：

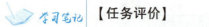

【任务评价】

任务名称	无扫描数据的拔模结构建模	得分	
组长		汇报时间	
组员			
任务要求	在无扫描数据的情况下，按照【操作提要】中的主要步骤建立模型，进一步实现相应拔模结构的创建。实体创建结构完整，尺寸正确		

文档接收清单	接收本任务完成过程中设计的文档			
	序号	文档名称	接收人	接收时间
	1			
	2			

验收评分	评分细则表		
	评分标准	分值	得分
	任务方案的合理性	20分	
	成员分工明确，进度安排合理	20分	
	资料收集完成程度	40分	
	课堂交流汇报效果	20分	

教师评语	

任务二　拔模结构逆向建模

【学习目标】

（1）掌握拉伸等命令中的拔模操作。

（2）学会分析复杂零件的逆向建模顺序。

（3）巩固布尔运算操作、回转命令等。

（4）培养学生分析问题和解决问题的能力。

【任务描述】

熟练 Geomagic Design X 软件，掌握"拔模""基础实体"等命令的使用。

【知识充电】

一、拔模操作

拔模操作是指在实体或曲面上创建与基准面成一定角度的拔模斜面。

方法一：在拉伸等操作菜单中有"拔模"选项，勾选后设定拔模斜度，可以进行拔模特征的创建。

方法二：采用"拔模"命令。①基准面拔模：使用选定要素的法线定义拉伸方向；②分割线拔模：是在实体上选择边线；③拔模步骤：可以在相同的拔模方式下，创建具有不同法线方向的面。

二、基础实体

基础实体：利用面片快速提取几何形状。注意：提取形状有限，包括圆柱、圆锥、球、圆环。另外，提取的结果默认为实体，如果需要切除，则需要进行布尔操作。

三、建模顺序建议

（1）建模过程大体按照先主体结构，再细节修饰的顺序。

（2）去除材料的结构一般放在建模过程的最后来进行。

（3）结构复杂的部分可以考虑布尔运算操作。

（4）同一结构的建模方法有很多种，并无明显的优劣之分。

四、回转

"回转"命令的主要用途是在建模过程中，对于表面质量较差的面片文件中的回转体部分进行建模，所需要的关键要素：①旋转轴线；②旋转草图。"结果运算"部分就是布尔运算的内嵌选项，可以直接在该命令中进行布尔运算设置。"切割"相当于布尔运算的"减去"，"合并"相当于布尔运算的"组合"。

拔模结构逆向建模
项目实施-01

【操作提要】

首先，导入扫描数据。在"领域"选项卡的"线段"组中，单击"自动分割"命令或者单击"菜单"→"工具"→"领域工具"→"自动分割"命令，调整选项如图 3-18 所示。

在"模型"选项卡的"参考几何图形"组中，单击"平面"或者单击"菜单"→"插入"→"参照几何形状"→"平面"命令，创建平面方法选择"提取"，提取拔模底面作为平面。在创建的平面1基础上追加平面，创建平面方法选择"偏移"，偏移距离设置为-5 mm，调整选项如图 3-19、图 3-20 所示。

拔模结构逆向建模
项目实施-02

拔模结构逆向建模
项目实施-03

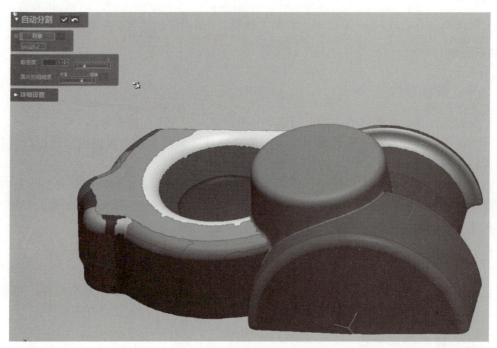

图 3 – 18　拔模机构自动分割

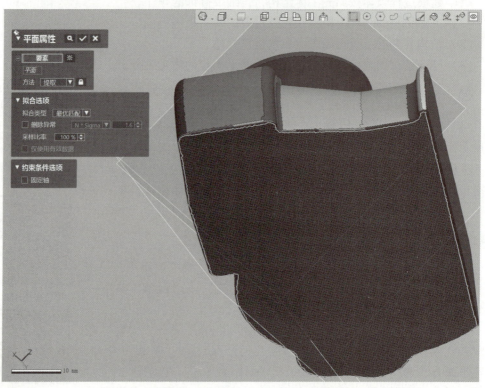

图 3 – 19　拔模机构追加平面（一）

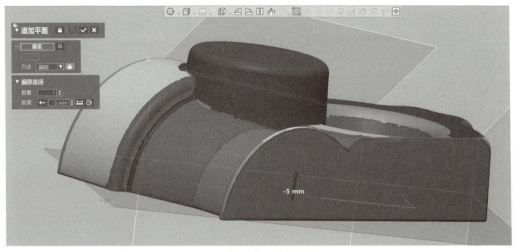

图 3 - 20　拔模机构追加平面（二）

在"草图"选项卡的"设置"组中，单击"面片草图"进入"面片草图的设置"对话框。选择平面2作为基准平面，单击 ☑ 按钮完成面片草图的设置。通过按键盘上的"Ctrl"+"1"和"Ctrl"+"4"快捷键隐藏网格和表面主体。通过绘制圆弧和圆在断面多线段上创建草图。单击"草图"选项卡中的"退出"或者模型视图右下角的"退出"图标来退出"面片草图"模式。

按键盘上的"Ctrl"+"4"快捷键，使创建的表面主体在模型视图中可见。在"模型"选项卡的"创建曲面"组中，单击"拉伸"命令或单击"菜单"→"插入"→"曲面"→"拉伸"命令，选择图3-21所示草图作为基础草图，然后将"方向"选项中"方法"设置为"距离"，长度为13 mm，选择"拔模"选项，角度设置为4°，勾选"反方向"复选框，将"方向"选项中"方法"设置为"距离"，长度为5 mm，选择"拔模"选项，角度设置为反方向4°，可通过"体偏差"修改参数值，如图3-22所示。

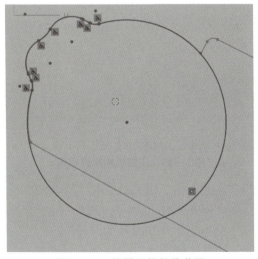

图 3 - 21　拔模机构拉伸草图

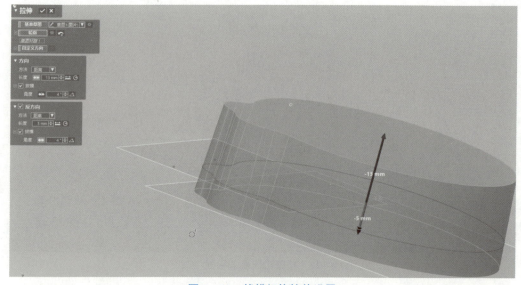

图 3 – 22 拔模机构拉伸设置

在"草图"选项卡的"设置"组中，单击"面片草图"进入"面片草图的设置"对话框。选择平面 1 作为基准平面，设置"由基准面偏移的距离"为 0.5 mm，单击 ✓ 按钮完成面片草图的设置。通过按键盘上的"Ctrl"+"1"和"Ctrl"+"4"快捷键隐藏网格和表面主体。通过绘制直线、圆弧和圆在断面多线段上创建草图。单击"草图"选项卡中的"退出"或者模型视图右下角的"退出"图标来退出"面片草图"模式。

按键盘上的"Ctrl"+"4"快捷键，使创建的表面主体在模型视图中可见。在"模型"选项卡的"创建实体"组中，单击"回转"命令或单击"菜单"→"插入"→"实体"→"回转"命令，选择图 3 – 23 所示草图作为基础草图轮廓，回转轴选择曲线 1，反方向转动 180°，完成回转实体的建模，如图 3 – 24 所示。

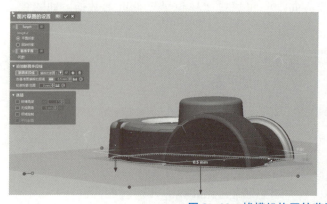
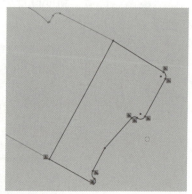

图 3 – 23 拔模机构回转图

在"模型"选项卡的"创建实体"组中，单击"基础实体"命令或单击"菜单"→"插入"→"建模精灵"→"基础实体"命令，选择"手动提取"选项，并选择图示自由形状特征为"领域"，"提取形状"选择"圆锥"，如图 3 – 25 所示。在"模型"选项卡的"体/面"组中，单击"移动面"命令，选择"移动"选项后已创建完成的圆锥底面，距离设置为 6 mm，如图 3 – 26 所示。

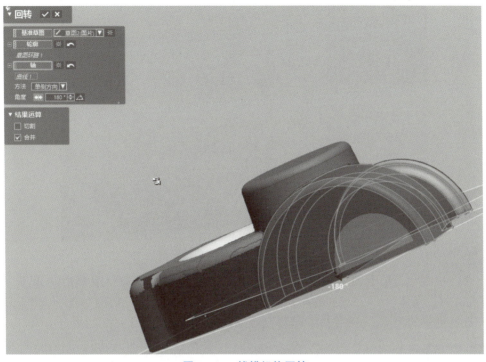

图 3 - 24　拔模机构回转

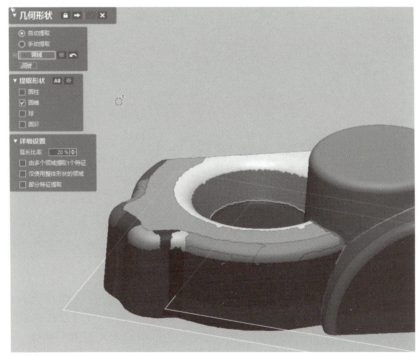

图 3 - 25　拔模机构基础实体

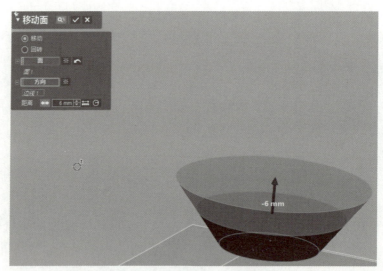

图 3 – 26 移动基础实体圆锥底面

在"模型"选项卡的"编辑"组中，单击"布尔运算"命令或单击"菜单"→"插入"→"实体"→"布尔运算"命令，"操作方法"选择"切割"选项，"工具要素"选择创建的圆锥，"对象体"选择已经建模的实体，如图 3 – 27 所示。

图 3 – 27 拔模机构布尔运算去除圆锥体

在"模型"选项卡的"参考几何图形"组中，单击"平面"命令或者单击"菜单"→"插入"→"参照几何形状"→"平面"命令，创建平面方法选择"提取"，将如图 3 – 28 所示平面作为追加平面。在"模型"选项卡的"编辑"组中，单击"切割"命令或单击"菜单"→"插入"→"实体"→"切割"命令，"工具要素"选择刚创建的平面，"对象体"选择已经建模的实体，下一步选择要保留的实体，完成切割命令。

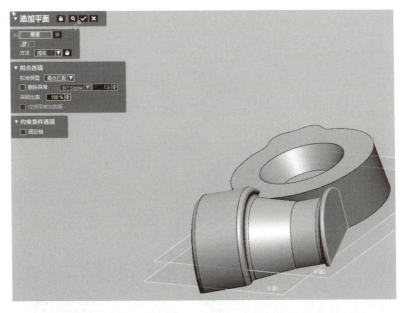

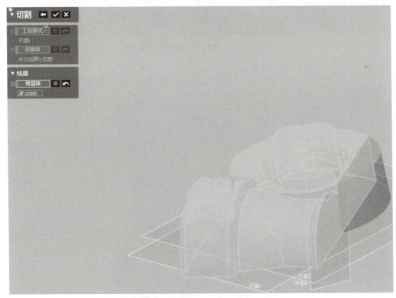

图 3 – 28　拔模机构切割拉伸实体

在"模型"选项卡的"创建实体"组中，单击"基础实体"命令或单击"菜单"→"插入"→"建模精灵"→"基础实体"命令，选择"手动提取"选项，如图 3 – 29 所示，并选择图 3 – 28 所示自由形状特征为领域，"提取形状"选择"圆锥"。

在"模型"选项卡的"编辑"组中，单击"圆角"命令或单击"菜单"→"插入"→"建模特征"→"圆角"命令，选择"固定圆角"选项。选择边缘作为实体要素，可通过"体偏差"命令修改圆角半径，如图 3 – 30 所示，单击 ✔ 按钮完成曲面钣金。

图 3 – 29　拔模机构基础实体

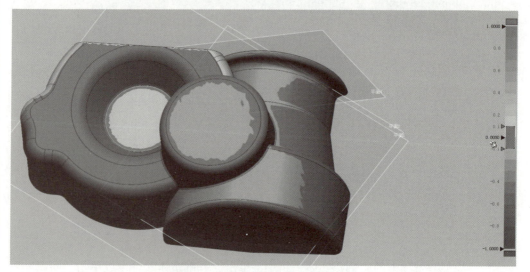

图 3 – 30　拔模机构体偏差修正圆角

【任务工单】

任务名称	拔模结构逆向建模		指导教师	
班级			组长	
组员姓名				

学习笔记

任务要求	(1) 掌握拉伸等命令中的拔模操作。 (2) 学会分析复杂零件的逆向建模顺序。 (3) 巩固布尔运算操作、回转命令等
材料清单	
参考资料	
决策与方案	
实施过程记录	
文档清单	列写本任务完成过程中涉及的所有文档（纸质或电子文档）： 表格

列写本任务完成过程中涉及的所有文档（纸质或电子文档）：

序号	名称	电子文档存储路径	完成时间	负责人
1				
2				

【任务实施】

（1）组员分工详情：

姓名	负责内容

（2）详细实施方案：

【任务评价】

任务名称	拔模结构逆向建模		得分	
组长			汇报时间	
组员				
任务要求	（1）掌握拉伸等命令中的拔模操作。 （2）学会分析复杂零件的逆向建模顺序。 （3）巩固布尔运算操作、回转命令等			

文档接收清单	接收本任务完成过程中设计的文档			
	序号	文档名称	接收人	接收时间
	1			
	2			

验收评分	评分细则表		
	评分标准	分值	得分
	任务方案的合理性	20分	
	成员分工明确，进度安排合理	20分	
	资料收集完成程度	40分	
	课堂交流汇报效果	20分	

教师评语	

项目四 叉架零件逆向设计与创新

项目简介

　　组合体零件是一类结构相对比较规整，建模难度较低的零件，主要是由多个规则几何体组合而成。对于这类零件而言可以直接进行正向建模，但是也有很多场合中，我们不能获得原始三维模型数据，只有实际零件。此时可以采用逆向建模技术进行逆向建模。

　　组合体建模比较简单，主要会使用到草图绘制、拉伸、回转等编辑命令，本项目以结构较简单的叉架为载体，进行简单组合体建模的学习。叉架零件包含三部分区域，并且都能够通过拉伸进行建模。

　　本项目分为两个任务模块，分别为叉架的逆向建模、叉架零件的创新设计。任务一完成基于扫描数据的底座零件逆向建模，任务二是在任务一完成的结果模型基础上进行实体导出，在正向建模软件 SolidWorks 中进行结构参数修改。

　　图 4-1 所示为叉架实物图。

图 4-1　叉架

任务一　叉架的逆向建模

【学习目标】

　　(1) 掌握面片草图命令的使用。

　　(2) 掌握拉伸实体命令。

　　(3) 查看体偏差，对模型进行参数修改，提高建模精度。

　　(4) 培养精益求精的工匠精神。

【任务描述】

　　叉架零件是一个组合体零件，主要由三部分构成，中间区域是一个空心圆柱，两侧分别是块体进行了切割。每一部分在高度方向上的投影都是一样的，即横截面保持不变。任务需要求在已有的三角面片文件.stl基础上，通过逆向设计软件Geomagic Design X进行操作，获得叉架零件的实体模型，并要求体偏差不超过±0.1 mm。通过动手操作，对比不同小组之间的建模结果，交流建模心得。

【引导问题】

　　引导问题1：

　　假设由于工厂事故，设计数据已被破坏，库存仅剩的零件结构也有所损坏，不过主体结构比较完整。在这种情况下如何根据现有条件进行设计数据的重新恢复？你有什么好的办法？

　　引导问题2：

　　逆向建模就是由点到线、由面到体的模型处理过程。这是和我们学习立体几何的过程一致的，回顾立体几何知识，圆柱体是怎样形成的，长方体可以看作是由横截面如何得到的？

【知识充电】

一、草图

　　Geomagic Design X软件中提供了三种草图模式，分别是"面片草图""草图"和"3D面片草图"。类比于正向设计软件，如SolidWorks，逆向设计过程中与其草图绘制一样效果的模式是草图模式。草图模式可以在没有面片、点云的情况下绘制、编辑特征。草图模式里的工具基本与其他机械设计软件中的命令一样，但这些草图可以在没有点云、其他断面信息的情况下创建附加曲面或实体。本质上草图模式是正向设计模块，操作也与正向设计软件中的方式一样，选择基准面之后就可以进行草图绘制。

面片草图模式可以通过拟合从点云或面片上提取的断面多段线来进行绘制、编辑草图特征，例如直线、圆弧、多边形。进入面片草图模式，需要定义基准平面，可以是参考平面、某个平面或平面领域。绘制的草图可以用于创建曲面或实体。

一般对导入数据进行领域划分后，首先进行坐标对齐，这样处理后可以充分利用软件提供的三个默认参考平面。在"草图"选项卡中单击  命令，打开面片草图命令菜单，如图 4 – 2 所示。选择草图绘制的基准面，比如这里选择上视基准面，如图 4 – 3 所示。

图 4 – 2　面片草图命令菜单

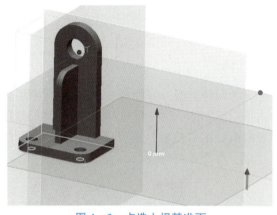

图 4 – 3　点选上视基准面

这时候可以看到图形窗口有了新变化，首先与上视基准面相交的实体轮廓线高亮显示，其次界面中出现两个箭头，鼠标拖动其中细长的箭头，会发现实体截交线会随之改变。一般零件底面的扫描质量很一般，甚至是不理想的，所以可以通过调节箭头的高度，选择截交线质量较好的位置，单击 ✔ 按钮确定后进行草图绘制，如图 4 – 4 所示，紫色线条是刚才的截交线，作为草图绘制的辅助几何要素，并不是有效的草图线。草图线是需要用户自行绘制的，所采用的命令与草图模式下基本一致，如图 4 – 5 所示。

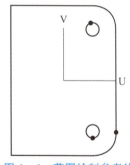

图 4 – 4　草图绘制参考线

图 4 – 5　草图绘制常用命令

单击 ＼直线· 命令进行相应草图线段的绘制，如图 4 – 6 所示，可以进行连续绘制直线。接下来拖动直线与参考线重合，如图 4 – 7 所示。单击"剪切"命令，长按鼠标左键划过多余线段，将其剪裁掉，如图 4 – 8 所示。其余草图绘制命令与此差异不大，不再赘述。

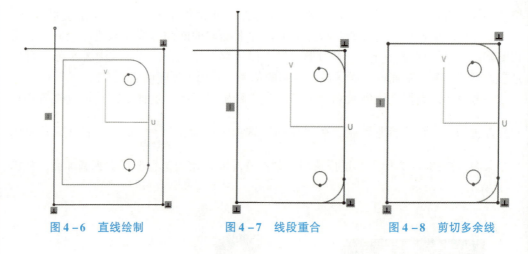

图 4 – 6　直线绘制　　　图 4 – 7　线段重合　　　图 4 – 8　剪切多余线

二、拉伸

拉伸分为两种类型，一种是针对封闭草图的拉伸，效果相当于截面沿着指定方向运动而占据空间实体；另一种是针对非封闭的直线或曲线，沿着指定方向运动而形成平面或者曲面。在"模型"选项卡中，两种"拉伸"命令分别在"创建实体""创建曲面"区域，如图 4 – 9 所示。

图 4 – 9　"拉伸"命令所在位置

一般拉伸默认是实体拉伸，绘制步骤大致如下。

打开"拉伸"命令菜单，选取封闭轮廓曲线。如图 4 – 10 所示，默认拉伸方向是草图平面的垂直方向。拉伸方法一共有 7 种，最常用的一种是按照距离拉伸，即草图封闭区域平移指定距离。

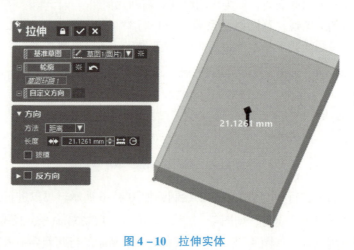

图 4 – 10　拉伸实体

勾选"拔模"复选框可以在创建拉伸实体的同时完成拔模斜面的效果，如图4-11所示，此时所有的侧面由下到上倾斜指定角度，形成拔模斜面。

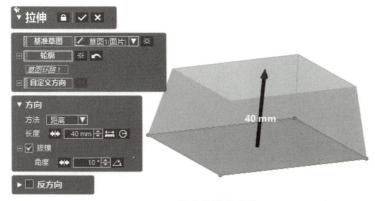

图4-11 带有拔模的拉伸

拉伸面操作与此相似，单击"创建曲面"组中的"拉伸"命令，如图4-12所示，选取绘制的草图，方法按距离拉伸，可以看到，不论对于封闭草图还是非封闭草图，形成的结果都是平面或曲面，并没有实体的出现，因此这种拉伸也是创建平面和柱面的重要方式。

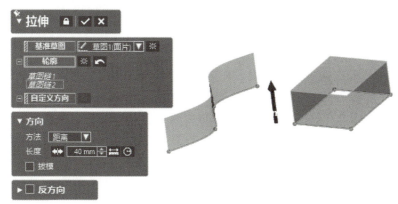

图4-12 形成面的拉伸

三、回转

回转实体是将封闭的轮廓草图沿着指定中心轴线旋转一定的角度形成实体模型，一般用于创建轴对称实体。通过选定"面片草图模式"和"草图模式"下绘制的封闭轮廓曲线和中心轴线可以创建回转实体。具体操作步骤如下。

打开"回转"命令菜单，选取封闭轮廓曲线和轴线，如图4-13所示，直角梯形草图绕中心轴线旋转360°。回转方式有3种，分别是单侧方向、平面中心对称、两方向。

（1）在草图的一个方向上输入角度来创建特征。

（2）以草图位置为起点，输入角度，将在两个方向上来创建对称特征。

（3）在草图的两个方向上，分别输入不同的角度来创建特征。

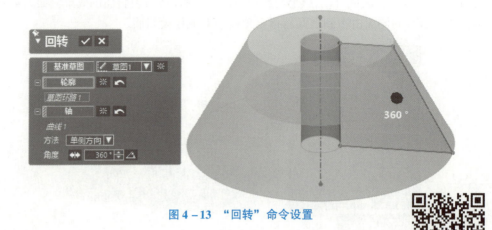

图 4 –13   "回转"命令设置

叉架逆向建模
项目实施

【操作提要】

　　第一步，导入面片文件。打开 Geomagic Design X 软件，单击"导入"命令，选择"叉架.stl"文件，绘图窗口显示叉架的三角面片模型，如图 4 –14 所示。放大局部之后，可以看出表面是由很多碎三角面片拼接而成。

　　第二步，划分领域。单击"领域"选项卡里的"自动分割"命令，这时会发现不论划分领域的敏感度是多少，领域划分都是不理想的，几乎所有的表面都在同一个领域。这种现象是在处理由实体模型导

图 4 –14   面片文件导入

出的面片文件时常见的，因此对于领域划分很不理想的情况下，可以不创建领域。

　　第三步，拉伸中心圆柱体。以底平面作基准面，进行面片草图绘制，如图 4 – 15 所示，旋转底部的一个三角面片，选择"平面"命令，"方法"选择"提取"，建立一个新的基准面，鼠标拖动细长箭头向上移动，选取清晰的中心结构的截交线，如图 4 –16 所示。单击✔按钮确定，在截交线的辅助下进行草图绘制，如图 4 –17 所示。

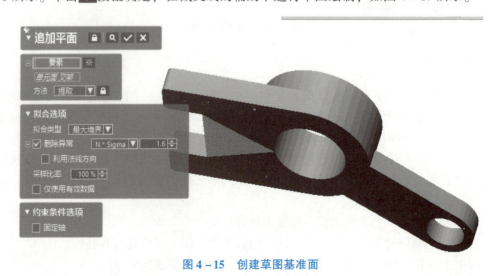

图 4 –15   创建草图基准面

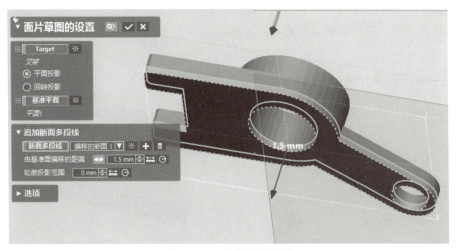

图 4-16 面片草图绘制

单击"拉伸"命令，参照面片模型进行高度拉伸，如图 4-18 所示，这样的拉伸难免有误差，这时可以根据体偏差进行调整。单击绘图界面上部的体偏差图标 ▢ ，如图 4-19 所示，鼠标放在拉伸表面会有误差数字出现，据此可返回"拉伸"命令中进行参数修改。

图 4-17 中心圆柱草图   图 4-18 拉伸圆柱结构

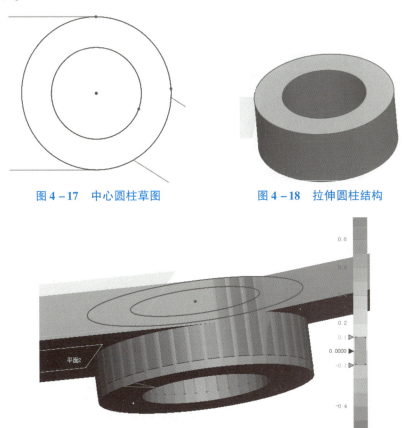

图 4-19 结合体偏差调整高度

第四步，拉伸左侧部分。仿照中部结构建模的过程，建立面片草图，如图 4 – 20 所示。退出草图，进行拉伸，如图 4 – 21 所示。

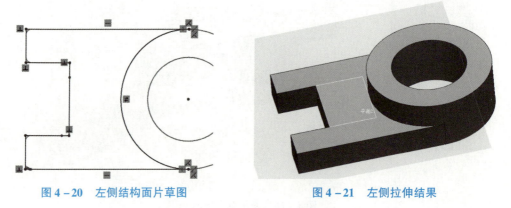

图 4 – 20　左侧结构面片草图　　　　　图 4 – 21　左侧拉伸结果

第五步，圆角绘制。在"模型"选项卡中单击"圆角"命令，如图 4 – 22 所示，选择"固定圆角"方式，用鼠标点选四条竖直棱线，对于半径可单击图标 进行半径检测。

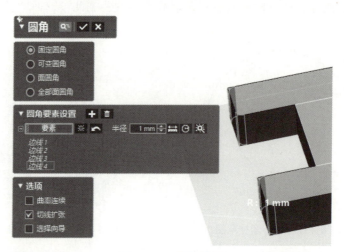

图 4 – 22　圆角绘制

第六步，右侧实体拉伸。右侧面片草图如图 4 – 23 所示，然后进行实体拉伸，效果如图 4 – 24 所示。

图 4 – 23　右侧面片草图　　　　　　图 4 – 24　叉架实体模型

任务名称	叉架零件的逆向建模	指导教师	
班级		组长	
组员姓名			
任务要求	在已有的三角面片文件 .stl 基础上，通过逆向设计软件 Geomagic Design X 进行操作，获得叉架零件的实体模型，并要求体偏差不超过 ±0.1 mm		
材料清单			
参考资料			
决策与方案			
实施过程记录			
文档清单	列写本任务完成过程中涉及的所有文档（纸质或电子文档）：		

序号	名称	电子文档存储路径	完成时间	负责人
1				
2				

【任务实施】

（1）组员分工详情：

姓名	负责内容

姓名	负责内容

（2）详细实施方案：

【任务评价】

任务名称	叉架零件的逆向建模		得分	
组长			汇报时间	
组员				
任务要求	在已有的三角面片文件.stl 基础上，通过逆向设计软件 Geomagic Design X 进行操作，获得叉架零件的实体模型，并要求体偏差不超过 ±0.1 mm			
文档接收清单	接收本任务完成过程中设计的文档：			
	序号	文档名称	接收人	接收时间
	1			
	2			

学习笔记

验收评分	评分细则表		
	评分标准	分值	得分
	任务方案的合理性	20 分	
	成员分工明确，进度安排合理	20 分	
	资料收集完成程度	40 分	
	课堂交流汇报效果	20 分	
教师评语			

任务二　叉架零件的创新设计

【学习目标】

（1）熟练模型的导出和参数修改。

（2）熟悉 3D 打印数据处理。

（3）培养创新想法。

【任务描述】

将建立好的叉架零件逆向设计模型导出到 SolidWorks 中进行结构参数修改，增加中间空心圆柱的高度至 30 mm，并进行 3D 打印制作。

【引导问题】

引导问题：

对于叉架实体模型，如果现需要修改中部空心圆柱的拉伸高度，你有哪些方法可以实现？

【知识充电】

一、按建模特征顺序导出实体模型

逆向设计软件 Geomagic Design X 默认文件格式为 .xrl，其他主流正向设计软件都有各自默认的格式。为了能够适应软件之间的协同工作，不可避免地会进行模型的导出，Geomagic Design X 可提供多种模型导出形式。

如果逆向建模得到的实体模型可以视作一个整体，并不需要对建模过程中某一特征参数进行二次修改，这种情形下，我们可以将实体模型以整体方式导出，如图 4 - 25 所示。另外，可以将模型按照特征树中的步骤逐步导出，这样的导出是用于需要在正向建模软件中对模型做参数调整的场合，此时导出务必同时打开两个软件。如从 Geomagic Design X 中向设计软件 SolidWorks 中按步骤导出，必须同时将两款软件打开。

在"初始"选项卡的"LiveTransfer"中单击"SolidWorks"图标（见图 4 - 26），出现导出命令菜单，如图 4 - 27 所示，其中共有三种导出选项，分别是：

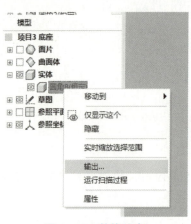

图 4 - 25　整体导出　　　　　　　图 4 - 26　SolidWorks 导出图标

图 4 - 27　导出 SolidWorks 方式

（1）从第 1 个特征开始。按照特征数中的步骤记录，从第一步开始到最后一步逐步进行对应导出。

（2）从选定的特征重新开始。选定特征树中的某一步，可以是第一步，也可以是其他步骤，从此步开始一直到最后步骤逐步进行特征导出。

（3）仅选择的要素。选择特征树中的某一步，将单独导出这一特征。

如图 4 –28 所示，导入 SolidWorks 中，在 SolidWorks 中也有对应的特征树，特征树中的步骤记录与逆向设计软件中的特征记录也是对应的。

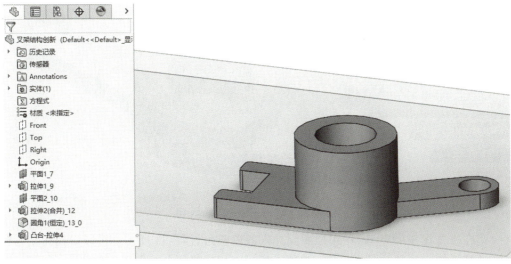

图 4 –28　导入 SolidWorks 中

二、SolidWorks 参数修改

建模软件中，对于每一步特征的建模过程都建立记录，如果需要修改建模参数，可以单独编辑对应的步骤记录，软件自动完成后续步骤的修改，极大方便了用户对模型的修改和参数化建模的实现。操作步骤大致是，右键单击相应的特征步骤，在弹出的下拉菜单中单击"编辑"命令，即可进入参数修改界面，如图 4 –29 所示。

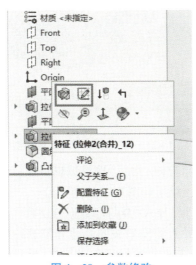

图 4 –29　参数修改

【操作提要】

第一步，打开 SolidWorks 软件，在 Geomagic Design X 中单击 SolidWorks 导出图标，选择"从第 1 个特征开始"，单击☑按钮确定，如图 4 – 30 所示。

叉架打印制作

图 4 – 30 导出到 SolidWorks 中

第二步，在 SolidWorks 中可以看到导入的模型如图 4 – 31 所示。可以看到在左侧有对应的特征树。并且鼠标移至某一步骤，模型中相应部分会以高亮状态显示。

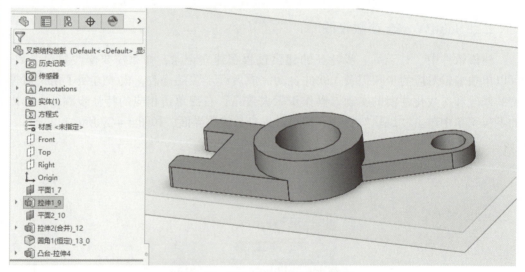

图 4 – 31 导入 SolidWorks 的模型

第三步，鼠标右键单击"拉伸 1_9"，选择编辑特征，如图 4 – 32 所示，将拉伸参数由 10 mm，修改为 20 mm，结果如图 4 – 33 所示。

第四步，另存为 . stl 文件，导入 3D 打印数据分层软件 Pango，如图 4 – 34 所示。

第五步，摆正模型。将导入的模型按照合适方位进行摆放调整，零件底平面应该放置在 3D 打印机支撑平面上，调整后的状态如图 4 – 35 所示。单击"分层"命令按钮
▦，对模型进行分层处理，并添加必要的支撑，如图 4 – 36 所示。

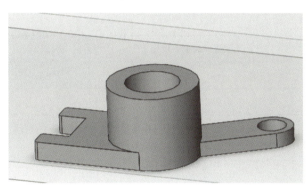

图 4 - 32　编辑特征参数

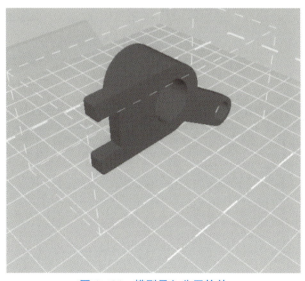

图 4 - 33　修改参数后的模型

图 4 - 34　模型导入分层软件

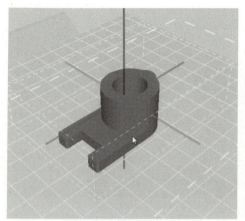

图 4 – 35　摆放位置调整

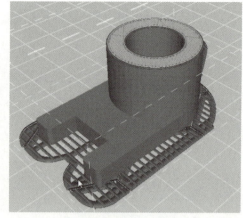

图 4 – 36　数据分层处理

第六步，打印模型。将分层后的模型保存为 . pcode 文件，拷贝至优盘，下载到 3D 打印机进行打印制作。

【任务工单】

任务名称	叉架零件的创新设计		指导教师	
班级			组长	
组员姓名				
任务要求	将建立好的叉架零件逆向设计模型导出到 SolidWorks 中进行结构参数修改，增加中间空心圆柱的高度至 30 mm，并进行 3D 打印制作			
材料清单				
参考资料				
决策与方案				
实施过程记录				
文档清单	列写本任务完成过程中涉及的所有文档（纸质或电子文档）：			

序号	名称	电子文档存储路径	完成时间	负责人
1				
2				

【任务实施】

　　（1）组员分工详情：

姓名	负责内容

　　（2）详细实施方案：

【任务评价】

任务名称	叉架零件的创新设计		得分	
组长			汇报时间	
组员				
任务要求	将建立好的叉架零件逆向设计模型导出到 SolidWorks 中进行结构参数修改，增加中间空心圆柱的高度至 30 mm，并进行 3D 打印制作			

学习笔记

	接收本任务完成过程中设计的文档:			
文档接收清单	序号	文档名称	接收人	接收时间
	1			
	2			

	评分细则表		
验收评分	评分标准	分值	得分
	成员分工明确，进度安排合理	20 分	
	打印件三维建模尺寸、形貌准确	20 分	
	打印设备的操作规范性，作品完整程度	40 分	
	课堂交流汇报效果	20 分	

教师评语	

项目五　底座逆向设计与创新

项目简介

　　生活中，相比于平面结构和规则几何体，非规则曲面结构更为常见。我们会在很多零件或组合体中看到曲面结构，如何根据扫描数据进行这一类零件的建模，需要进行多个项目的学习，本项目以结构较简单的底座为载体，进行简单曲面建模的学习。底座零件包含曲面、平面、孔等特征，也是产品设计中经常遇见的模型。通过底座逆向建模，可以初步解决有关曲面的建模问题，根据体偏差实时调整特征参数，提升建模的精确程度。

　　本项目分为两个任务模块，分别为底座零件的逆向建模、底座零件的创新设计。任务一完成基于扫描数据的底座零件逆向建模，任务二是在任务一完成的结果模型基础上进行实体导出，在正向建模软件 SolidWorks 中进行结构修改和创新设计。

　　图 5-1 所示为凸台零件实体模型。

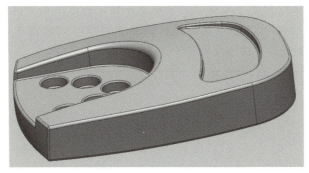

图 5-1　凸台零件实体模型

任务一　底座零件的逆向建模

【学习目标】

　　（1）掌握面片拟合命令的使用。

　　（2）掌握修剪体操作。

　　（3）查看体偏差，对模型进行参数修改，提高建模精度。

　　（4）提升发散性思维。

【任务描述】

　　底座主体形状是一个块体，块体上有两处凹陷，并且其中较大的凹陷处还有盲孔特征。底座的上顶面和侧面是曲面，并且并非规则曲面结构。本任务要求在已有的三角面片文件.stl基础上，通过逆向设计软件 Geomagic Design X 进行操作，获得底座零件的实体模型，并要求体偏差不超过 ±0.2 mm。通过动手操作，对比不同小组之间的建模结果，交流建模心得。

【引导问题】

　　引导问题1：

　　不管是正向建模还是逆向建模，对于绝大多数模型不可能仅仅使用一个命令就可以完成，一般都是对于多个部分按顺序进行逐个绘制，最终形成完整的模型。甚至对于很复杂的零件，需要多人分工合作，每个人在别人建模的基础上进一步创建新的特征建模。因此，在动手建模之前，我们需要先分析零部件的结构组成。那么，你能看出底座零件主要由哪几部分组成？

　　引导问题2：

　　底座零件的主体结构是一个块体，其中这个块体的上表面是曲面，这样的主体结构是否可以通过建立面片草图，然后进行拉伸来创建？回顾在正向建模软件中，如SolidWorks 中，拉伸命令可供选择的拉伸方式都有哪些？

　　引导问题3：

　　根据已经掌握的逆向设计建模技巧，试分析在建立盲孔特征时，如果采用拉伸草图的方法，将面片草图绘制在哪一个平面比较合理？为什么？

【知识充电】

一、拉伸命令再探究

拉伸实体是将封闭的截面轮廓曲线沿截面所在某个矢量进行运动而形成的实体。一般创建的步骤如下。

第一步，打开"拉伸"对话框。在"模型"选项卡或工具栏中单击"  "按钮，弹出"拉伸"对话框，如图 5-2 所示。

第二步，选取封闭轮廓曲线。在图 5-2 中的"基准草图"右侧栏目中选择相应草图，如这里的"草图 1"，如图 5-3 所示。

图 5-2 打开"拉伸"对话框

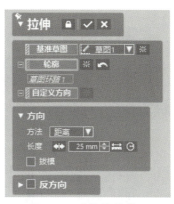

图 5-3 选择拉伸草图

第三步，选择拉伸方向。在"拉伸"对话框的"方法"中选择一种拉伸方式，拉伸方法一共有 7 种，如图 5-4 所示，这些方法均可使用"拔模"命令。

①距离。拉伸将从轮廓截面开始算起，沿箭头指定方向拉伸一定距离，如图 5-5 所示。

②通过。沿着拉伸方向，穿过其他实体的拉伸，如图 5-6 所示。

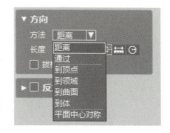

图 5-4 拉伸方法

③到顶点。在拉伸方向上选取某一个线或者体上的点作为拉伸终止的位置。

④到领域。沿着拉伸方向，在面片上选择一个领域作为拉伸终点。在"拉伸"对话框的"方法"中选择"到领域"，如图 5-7 所示。

⑤到曲面。在拉伸方向上选取某一个面作为拉伸终点。

⑥到体。在拉伸方向上选取一个实体的面作为拉伸终点。

⑦平面中心对称。输入拉伸距离，利用草图拉伸出对称实体，如图 5-8 所示。

二、面片拟合

面片拟合是根据面片运用拟合算法进行曲面的创建。一般在领域划分完成之后，在

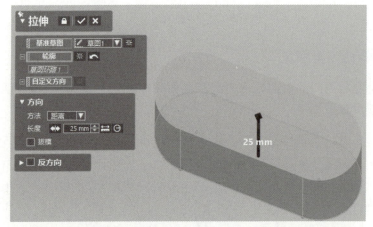

图 5 – 5　距离拉伸

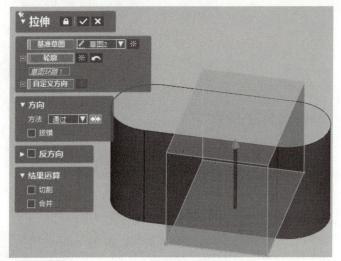

图 5 – 6　通过方法拉伸

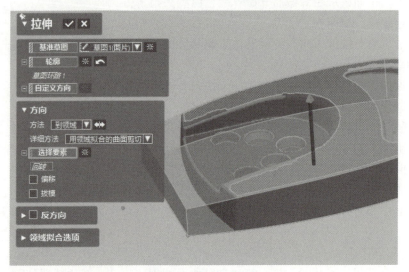

图 5 – 7　拉伸到领域

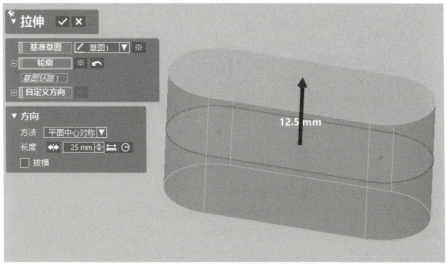

图 5-8　平面中心对称拉伸

"模型"选项卡中单击"面片拟合"按钮 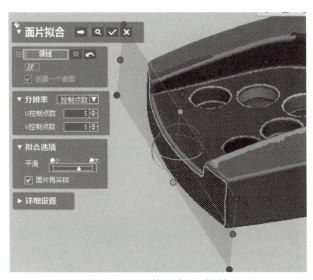，弹出"面片拟合"对话框，在"领域"中选择"自由"，在"分辨率"中选择"控制点数"，分别键入"U 控制点数"和"V 控制点数"的具体值，在"拟合选项"下调整"平滑"数值，选择合适的状态值，如图 5-9 所示。

图 5-9　"面片拟合"对话框

完成上面的步骤后，单击 ➡ 按钮进行第二阶段，在"精度分析"下，单击"体偏差"按钮 ▭，查看曲面精度，如图 5-10 所示。如果精度在公差范围内，即可单击 ✔ 按钮完成。如果体偏差较大，则需要勾选"变形的控制程度""修复边界点"复选框，选择合适的网格密度，来调节网格边界点。

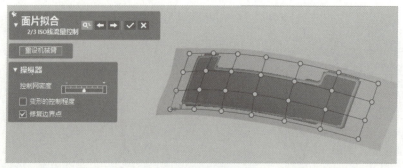

图 5 – 10　查看拟合精度

"面片拟合"命令中的主要参数选项如下：

分辨率：控制拟合曲面的整体精度和平滑度。"分辨率"下有"允许偏差"和"控制点数"。

允许偏差：在面片与拟合曲面间偏差之内设置拟合曲面的分辨率。如果偏差对于拟合曲面来说是最重要的标准时，使用这一选项。

控制点数：设置 U、V 方向上的控制点数，可以控制拟合曲面分辨率。如果将控制点数设置为很大的数值，偏差会很小，但是平滑度也会很低。

面片再采样：创建规则的拟合曲面等距线。但在处理复杂形状时容易产生扭曲或偏差较大的拟合曲面。

U – V 轴控制：红色的控制 U 向旋转，绿色的控制 V 向旋转，手柄可以旋转拟合区域。

延长：延长拟合区域。

线形：线形延长原始拟合曲面。

曲率：通过保持原始拟合曲面曲率的方式延长曲面。

同曲面：镜像原始拟合曲面来延长曲面。

U 延长率：设置 U 方向上的延长率。

V 延长率：设置 V 方向上的延长率。

底座逆向建模　　底座逆向建模
项目实施　　　　项目实施

【操作提要】

第一步，导入面片文件。打开 Geomagic Design X 软件，单击"导入"命令，选择"底座 . stl"文件，绘图窗口显示底座的三角面片模型，如图 5 – 11 所示。放大局部之后，可以看出表面是由很多碎三角面片拼接而成。

图 5 – 11　底座三角面片文件导入

第二步，单击"领域"选项卡，在其中找到"自动分割"命令按钮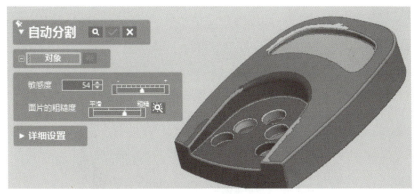，并单击。选中面片模型，设置敏感度，单击预览图标🔍进行领域划分效果的查看。敏感度的数值根据预览效果进行修改，过小的敏感度不能使表面不同面之间区分开，过大的敏感度导致同一个面上会存在很多个领域，并且增加计算量，降低建模效率，因此应根据预览效果来决定具体敏感度。并且不同计算机相同的敏感度可能是不一样的效果。划分好的领域效果如图 5 – 12 所示。

图 5 – 12　领域划分结果

第三步，绘制面片草图。选中底座的下表面领域，在"草图"选项卡中单击"面片草图"命令按钮，拖动其中的细箭头，截取清晰的轮廓线，如图 5 – 13 所示。然后单击✅按钮确定。

第四步，按快捷键"Ctrl"+"1"隐藏面片模型，以上一步截交线为参照，绘制拉伸草图，如图 5 – 14 所示。由于左边界面是一个曲面，不能直接拉伸获得，因此需要将上下边界线向左延伸，对拉伸后的多余部分进行修剪。

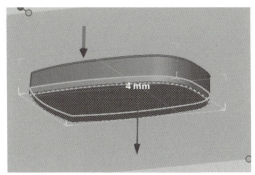

图 5 – 13　面片草图绘制

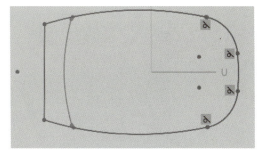

图 5 – 14　拉伸草图绘制

第五步，拉伸实体。退出草图绘制，在"模型"选项卡中单击"拉伸"命令按钮，"基准草图"选择"草图 1（面片）"，在"方法"栏选择"到领域"，单击底座上边面的领域，如图 5 – 15 所示，得到如图 5 – 16 所示的拉伸体。

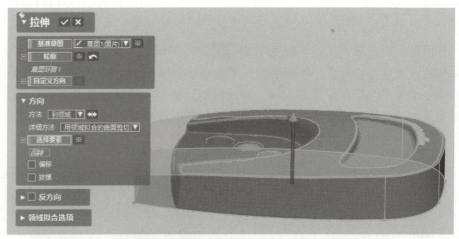

图 5 - 15　主体结构拉伸

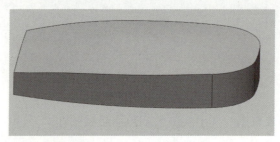

图 5 - 16　主体结构拉伸体

　　第六步，面片拟合。按快捷键"Ctrl"+"1"显示面片模型，按快捷键"Ctrl"+"5"隐藏实体模型。在"模型"选项卡中单击"面片拟合"命令按钮 ，选择面片模型的左侧领域，"分辨率"选择"控制点数"，按照如图 5 - 17 所示进行其他参数的设置。单击 按钮，直至最后完成。按快捷键"Ctrl"+"5"显示实体模型，如图 5 - 18 所示。

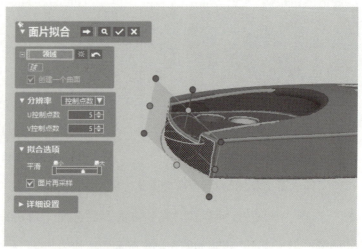

图 5 - 17　面片拟合设置

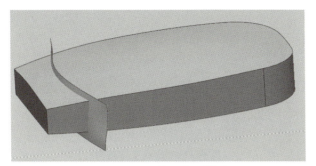

图 5 - 18　面片拟合后模型

第七步，剪裁。利用拟合曲面将拉伸主体进行剪裁。在"模型"选项卡中，单击"切割"命令按钮 ，"工具要素"选择"面片拟合1"，"对象体"选择"拉伸1"，如图 5 - 19 所示，然后单击 按钮。如图 5 - 20 所示，残留体选择拟合曲面右侧的主体结构，单击 按钮确定，完成主体结构的修剪，结果如图 5 - 21 所示。

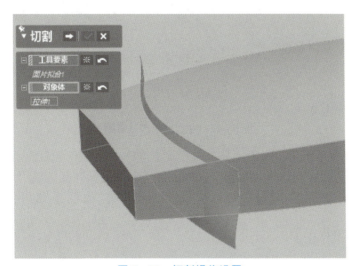

图 5 - 19　切割操作设置

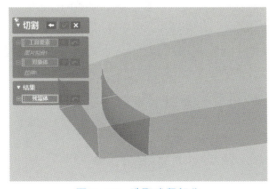

图 5 - 20　选取残留部分

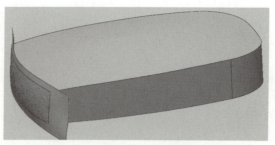

图 5 – 21　底座主体结构

第八步，绘制上表面左半部凹陷区域。在凹陷部分的下平面绘制面片草图，如图 5 – 22 所示。

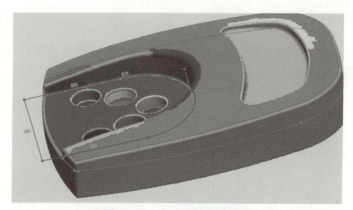

图 5 – 22　左边凹陷区域草图

第九步，拉伸草图进行切除实体。单击"拉伸"命令，"轮廓"选择刚才绘制的凹陷区域草图。"方法"选择"通过"，注意在"结果运算"处勾选"切割"复选框，如图 5 – 23 所示。然后单击✔按钮确定，得到凹陷区域，如图 5 – 24 所示。

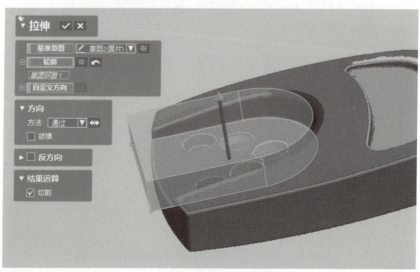

图 5 – 23　凹陷处草图拉伸设置

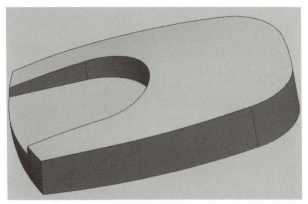

图 5 – 24　左边凹陷结构

第十步，绘制凹陷处的盲孔。以盲孔的底面为草图平面绘制面片草图，如图 5 – 25 所示。拉伸盲孔草图，"方法"选择"通过"，并且勾选"结果运算"下的"切割"复选框，得到如图 5 – 26 所示结果。

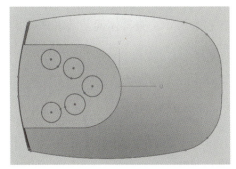

图 5 – 25　绘制盲孔面片草图

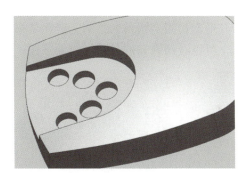

图 5 – 26　盲孔建模结果

第十一步，以同样的方法绘制右边的凹陷结构，如图 5 – 27 所示。

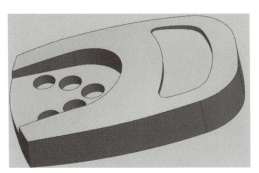

图 5 – 27　右边凹陷结构

第十二步，绘制可变圆角。在"模型"选项卡中单击"圆角"命令按钮🔘圆角，在"圆角"命令对话框中，选择"可变圆角"，圆角要素选择左边凹陷边缘几段线段，按照图 5 – 28 设置节点的圆角数值，然后单击✓按钮确定，得到模型效果如图 5 – 29 所示。

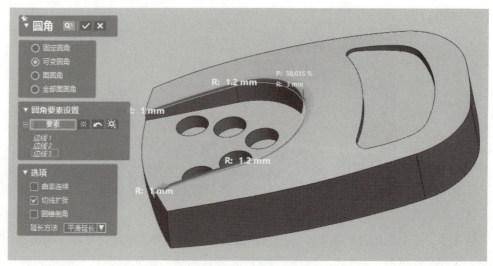

图 5 – 28 设置节点半径

第十三步，绘制固定圆角。单击"圆角"命令，选择"固定圆角"，结合体偏差进行其他部位固定圆角的绘制，最终结果如图 5 – 30 所示。查看体偏差结果如图 5 – 31 所示，可以看到绝大部分特征的偏差在 ±0.1 mm 之内。

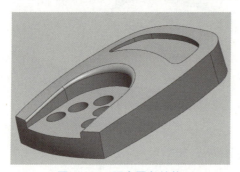

图 5 – 29 可变圆角结构

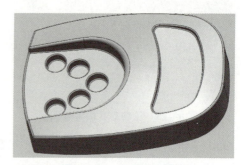

图 5 – 30 底座实体模型

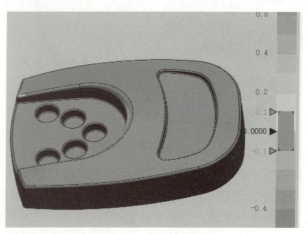

图 5 – 31 体偏差结果

【任务工单】

任务名称	底座零件的逆向建模		指导教师	
班级			组长	
组员姓名				
任务要求	在已有的三角面片文件 .stl 基础上，通过逆向设计软件 Geomagic Design X 进行操作，获得底座零件的实体模型，并要求体偏差不超过 ±0.2 mm			
材料清单				
参考资料				
决策与方案				
实施过程记录				
文档清单	列写本任务完成过程中涉及的所有文档（纸质或电子文档）：			

序号	名称	电子文档存储路径	完成时间	负责人
1				
2				

【任务实施】

（1）组员分工详情：

姓名	负责内容

姓名	负责内容

（2）详细实施方案：

【任务评价】

任务名称	底座零件的逆向建模	得分	
组长		汇报时间	
组员			
任务要求	在已有的三角面片文件.stl 基础上，通过逆向设计软件 Geomagic Design X 进行操作，获得底座零件的实体模型，并要求体偏差不超过 ±0.2 mm		

<table>
<tr><td rowspan="7">文档接收清单</td><td colspan="4" style="text-align:center">接收本任务完成过程中设计的文档：</td></tr>
<tr><td>序号</td><td>文档名称</td><td>接收人</td><td>接收时间</td></tr>
<tr><td>1</td><td></td><td></td><td></td></tr>
<tr><td>2</td><td></td><td></td><td></td></tr>
<tr><td></td><td></td><td></td><td></td></tr>
<tr><td></td><td></td><td></td><td></td></tr>
<tr><td></td><td></td><td></td><td></td></tr>
</table>

验收评分	评分细则表		
	评分标准	分值	得分
	任务方案的合理性	20分	
	成员分工明确，进度安排合理	20分	
	资料收集完成程度	40分	
	课堂交流汇报效果	20分	
教师评语			

任务二　底座零件的创新设计

【学习目标】

（1）熟练模型的导出操作。

（2）熟悉3D打印数据处理。

（3）培养创新设计能力。

【任务描述】

将建立好的底座零件逆向设计模型导出到SolidWorks中进行结构修改和创新设计。在底座模型右半部的凹陷结构处，添加对称的异形孔（见图5−32），对于形状和尺寸，发挥想象进行自定义，使结构更为美观即可。

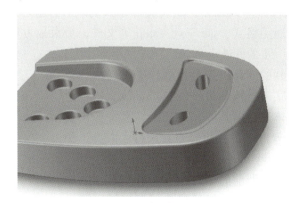

图5−32　添加对称异形孔

【引导问题】

引导问题1：

对比逆向设计软件Geomagic Design X和正向设计软件SolidWorks中"拉伸"命令

有什么差异之处?

引导问题2:

探究在不将任务一中逆向建模结果导出到 SolidWorks 中,是否可以直接在 Geomagic Design X 软件中实现通孔结构的添加?

【知识充电】

一、利用通用格式导出实体模型

逆向设计软件 Geomagic Design X 默认文件格式为 .xrl,建立完成的实体模型或者某一特征可以导出为通用格式,如 .igs、.step 等文件,极大地方便了设计者继续利用其他设计软件进行进一步的修改和创新。

如果逆向建模得到的实体模型可以视作一个整体,并不需要对建模过程中某一特征参数进行二次修改,这种情形下,我们可以将实体模型以整体方式导出。在特征树下方的"模型"区域,软件将各种几何要素进行了归类,如图 5-33 所示。

单击相应集合元素类型前的"+"进行详细显示,如单击"实体"前的"+",可以看见包含一个实体"圆角 8(恒定)"。鼠标右键单击需要导出的实体"圆角 8(恒定)",在弹出的菜单中选择"输出"命令,如图 5-34 所示。弹出的对话框如图 5-35 所示,在"文件名(N)"处为导出文件命名,在"保存类型(T)"处的下拉菜单里选择所需要的文件类型,此处我们选择通用实体文件格式 .x_t。最后保存在计算机中,此

图 5-33 "模型"板块区域

处演示保存在桌面位置。接下来，就可以用主流的正向三维设计软件进行导入了。

图 5 – 34　选择 "输出" 命令

图 5 – 35　导出文件保存对话框

二、SolidWorks 镜像命令

"镜像" 命令的效果就是物体相对于某镜面所成的像，在 SolidWorks 中镜面是指 "基准面" 或者 "平面"。"镜像" 命令的操作对象主要包括实体、特征、面，在 SolidWorks 中，实体是由特征构成的，特征是由面构成的，面由线构成，线由点构成。单击 "镜像" 命令，弹出 "镜像" 命令菜单，如图 5 – 36 所示。SolidWorks 镜像分为四大参数：镜像面/基准面，要镜像的特征，要镜像的面，选项。

如图 5 – 37 所示，欲将圆柱拉伸特征进行镜像操作，使右侧出现另一个相同圆柱，两者关于右视基准面对称。其操作为：在 "镜像" 命令菜单中的 "镜像面/基准面" 选择右

图 5 – 36　"镜像" 命令菜单

视基准面,在"要镜像的特征"栏选择圆柱体,单击✅按钮确定,得到效果如图 5 – 38 所示。

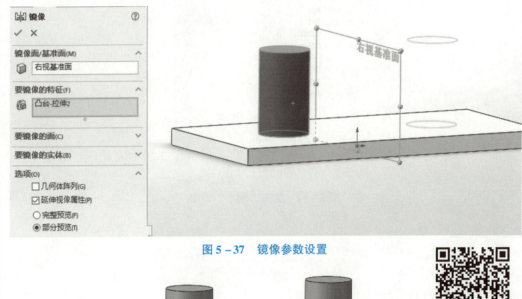

图 5 – 37　镜像参数设置

创新设计

打印制作

图 5 – 38　镜像效果

【操作提要】

第一步,打开 SolidWorks 软件,新建零件文件,单击"打开文件"命令,将逆向软件 Geomagic Design X 导出的实体文件"底座零件.x_t"打开,如图 5 – 39 所示。

图 5 – 39　SolidWorks 导入模型

第二步,选择右半部分凹陷结构的底平面进行草图绘制,如图 5 – 40 所示。以此草图做拉伸切除,得到如图 5 – 41 所示效果。

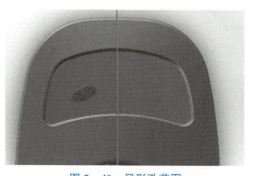
图 5 - 40 异形孔草图

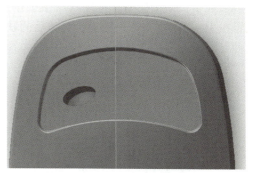
图 5 - 41 拉伸切除通孔

第三步，镜像特征。单击"镜像"命令，以右视基准面为"镜像面"，孔特征为"要镜像的特征"，单击✔按钮确定。得到最终效果如图 5 - 42 所示。

图 5 - 42 对称异形孔效果

第四步，3D 打印数据处理。将创新设计结果另存为 .stl 格式文件，然后导入数据分层软件 Pango，如图 5 - 43 所示。

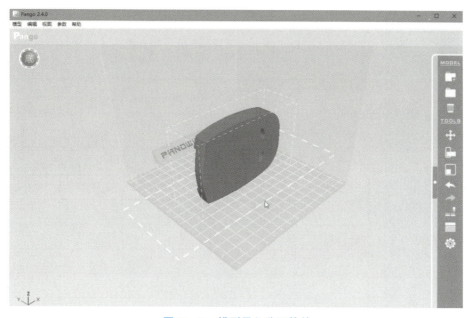
图 5 - 43 模型导入分层软件

第五步，摆正模型。将导入的模型按照合适方位进行摆放调整，零件底平面应该放置在3D打印机支撑平面上，调整后的状态如图5-44所示。单击"分层"命令按钮，对模型进行分层处理，并添加必要的支撑，如图5-45所示。

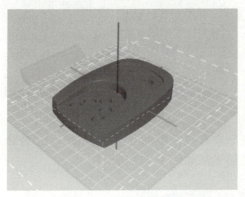

图5-44　摆放位置调整　　　　图5-45　数据分层处理

第六步，打印模型。将分层后的模型保存为.pcode文件，拷贝至优盘，下载到3D打印机进行打印制作。

【任务工单】

任务名称	底座零件的创新设计	指导教师	
班级		组长	
组员姓名			
任务要求	在底座模型右半部的凹陷结构处，添加对称的异形孔，对于形状和尺寸，发挥想象进行自定义，使结构更为美观即可		
材料清单			
参考资料			
决策与方案			
实施过程记录			

文档清单	列写本任务完成过程中涉及的所有文档（纸质或电子文档）：				
	序号	名称	电子文档存储路径	完成时间	负责人
	1				
	2				

学习笔记

【任务实施】

（1）组员分工详情：

姓名	负责内容

（2）详细实施方案：

【任务评价】

任务名称	底座零件的创新设计	得分	
组长		汇报时间	
组员			
任务要求	在底座模型右半部的凹陷结构处，添加对称的异形孔，对于形状和尺寸，发挥想象进行自定义，使结构更为美观即可		

学习笔记

文档接收清单	接收本任务完成过程中设计的文档：			
	序号	文档名称	接收人	接收时间
	1			
	2			

验收评分	评分细则表		
	评分标准	分值	得分
	成员分工明确，进度安排合理	20 分	
	打印件三维建模尺寸、形貌准确	20 分	
	打印设备的操作规范性，作品完整程度	40 分	
	课堂交流汇报效果	20 分	

教师评语	

项目六　弯管逆向设计与创新

项目简介

管道是机械类零件建模中不可避免的对象之一。对于管径不发生变化的管道，可以看作是圆形横截面沿着管道中心线移动所占据的空间区域。在这种情形中最为特殊的情况便是圆柱体，我们在正向建模中利用简单的"拉伸"命令就可以实现。实际零件建模过程中，这种简单的直管道并不常见，更为普遍的是管道轴线是一条空间曲线。对于这类弯管考虑使用逆向建模是不错的选择之一。

本项目以空间弯管模型为载体，进行管道逆向建模的学习。管道零件组成部分包含弯管特征，同时包含拉伸柱体、回转体、孔等特征。通过弯管逆向建模，可以掌握扫描效果在逆向设计软件中如何实施，同时也是对 Geomagic Design X 软件简单曲面等建模技巧的巩固。

本项目分为两个任务模块，分别为弯管零件的逆向建模、弯管零件的创新设计。任务一完成基于扫描数据的弯管零件逆向建模，任务二是在任务一完成的结果模型基础上进行管道表面数据导出，在正向建模软件 SolidWorks 中进行加厚，完成新形状法兰结构的建模。

图 6-1 所示为管道实体模型。

图 6-1　管道实体模型

任务一　弯管零件的逆向建模

【学习目标】

（1）掌握扫描命令的使用。

（2）掌握回转体建模命令的操作。

（3）查看体偏差，对模型进行参数修改，提高建模精度。

（4）培养发现科技美、文化美的能力。

【任务描述】

弯管是一个结构较为复杂的空间几何体，管道的截面尺寸不发生变化，轴线是空间曲线，在两端有圆形法兰结构，法兰上均匀布置圆形螺栓孔。本任务要求在已有的三角面片文件 .stl 基础上，通过逆向设计软件 Geomagic Design X 进行操作，获得弯管零件的实体模型，并要求体偏差不超过 ±0.5 mm。通过动手操作，对比不同小组之间的建模结果，交流建模心得。

【引导问题】

引导问题 1：

弯管模型主要由哪几部分组成？哪些部分可以使用已经掌握的逆向设计命令进行建模，使用什么相应的命令？

引导问题 2：

如果在结构数据已知的情形下，空间弯管在正向建模软件中，如在 SolidWorks 中，是如何进行建模的？

【知识充电】

一、扫描命令

扫描命令是将封闭的轮廓草图沿指定路径进行运动所形成的实体。其实，我们已经学习过的"拉伸"命令就是"扫描"的一种特殊情况，这时候指定路径是一条线段。图6-2所示为扫描特征的形成过程。

图6-2　扫描特征的形成过程

注意，创建扫描实体特征，截面草图必须是封闭的。如果需要使用非封闭草图创建扫描特征，请在"模型"选项卡的"创建曲面"组中选择"扫描"命令，如图6-3所示。扫描命令同样可以通过鼠标右键单击某个二维草图进行快速访问，如图6-4所示。

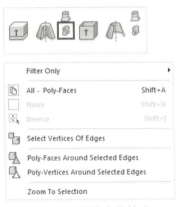

图6-3　非封闭轮廓扫描　　　　图6-4　扫描命令快捷访问

扫描实体命令在以下场合尤为常用：①恒定截面的弯曲形状；②恒定截面的扭转形状。

扫描实体特征的创建步骤如下。

第一步，打开"扫描"对话框。在"模型"选项卡或工具栏中单击　按钮，弹出"扫描"对话框，如图6-5所示。

第二步，选取封闭轮廓曲线和路径轴线。在"扫描"对话框中单击"轮廓"选取"草图链1"，单击"路径"选取"草图链2"，如图6-6所示。

第三步，选择扫描方向。在"扫描"对话框的"方法"下选择一种扫描方式，拉伸方法一共有6种，如图6-7所示。在"向导曲线"下选择"草图链2"，如有多个实体时，可以在"结果运算"下，使用"剪切""合并"命令。

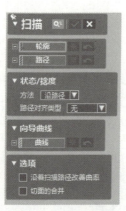

图 6-5 "扫描"对话框

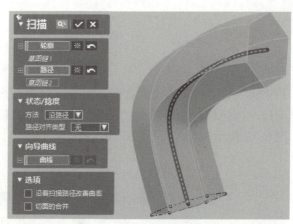

图 6-6 沿最初指定路径扫描

6 种拉伸方法具体如下：

①沿路径。路径和轮廓扫描保持一样的角度，如图 6-8 所示。

图 6-7 扫描方法

图 6-8 沿路径扫描

②维持固定的法线方向。起始端面与接触端面相平行，如图 6-9 所示。

③沿最初的向导曲线和路径。路径为脊线，向导曲线控制曲面外形，如图 6-10 所示。

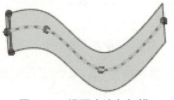

图 6-9 沿固定法向扫描

图 6-10 扫描沿最初的向导曲线和路径

④沿第 1 和第 2 条向导曲线。两条向导曲线控制曲面外形，如图 6-11 所示。

⑤沿路径扭转。轮廓沿着路径以一定的角度扭转，如图 6-12 所示。

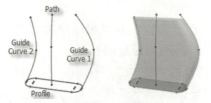

图 6-11 扫描沿第 1 和第 2 条向导曲线

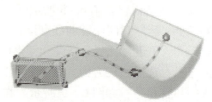

图 6-12 扫描沿路径扭转

⑥在一定的法线上沿路径扭转。轮廓沿着路径，在法线上以一定的角度扭转，如图6-13所示。

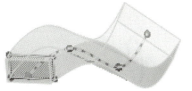

图6-13　扫描在一定法线上沿路径扭转

二、放样

放样实体是将两个或两个以上的封闭轮廓草图、边线或面连接起来而形成的实体，可以通过向导曲线来控制放样实体的形状，在首尾添加约束，如图6-14所示。

图6-14　放样特征的形成过程

注意，与扫描命令一样，通过放样建立一个实体，要求所有截面草图必须是封闭的。如果需要用不封闭的草图建立放样，得到的是曲面，其实现过程为：在"模型"选项卡的"创建曲面"组中选取"放样"命令。当然也可以通过鼠标右键快捷访问，如图6-15所示。

放样特征建立的步骤大致如下。

第一步，打开"放样"对话框。在"模型"选项卡下单击放样图标 ，出现"放样"对话框，如图6-16所示。

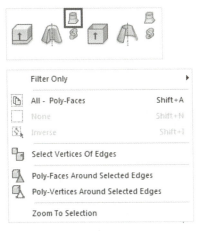

图6-15　快捷访问"放样"命令

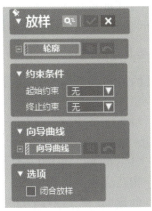

图6-16　"放样"对话框

第二步，选取封闭轮廓曲线。在"放样"对话框中单击"轮廓"选取"边线1""草图环路1""面1"，放样中的轮廓线可以通过调节 来改变放样顺序，如图6-17所示。

第三步，在"约束条件"的"起始约束"和"终止约束"下选择"面和曲率"，如果有多个实体时，可以在"结果运算"下，使用"剪切""合并"命令，结果如图 6 – 18 所示。

图 6 – 17　放样截面草图

图 6 – 18　放样约束选择

约束类型有以下几种：

①无约束。不应用相切约束或零曲率，如图 6 – 19 所示。

②方向约束。基于所选元素应用相切约束，单击"方向约束"，选取线性元素或者向量等，或者平面、区域表面，如图 6 – 20 所示。

图 6 – 19　无约束

图 6 – 20　方向约束

③垂直截面。对垂直起始截面施加相切约束。

④相切到面。创建一个相切约束，该约束跟随选定的面，并且在面被选为纵断面时可用。单击"下一个面"按钮将查找下一个候选面，如图 6 – 21 所示。

【操作提要】

弯管的逆向建模重要步骤分为 7 步，大致如下安排。

（1）导入面片文件，优化表面，如图 6 – 22（a）所示。

图 6 – 21　相切到面约束

弯管逆向建模
项目实施 – 01

（2）分割领域，如图 6 – 22（b）所示。

（3）构建法兰，如图 6 – 22（c）所示。

（4）创建 3D 样条曲线，如图 6 – 22（d）所示。

（5）创建管道部分模型，如图 6 – 22（e）所示。

（6）添加圆角等细节，如图 6 – 22（f）所示。

（7）创建其他部分，如图 6 – 22（g）所示。

弯管逆向建模
项目实施 – 02

弯管逆向建模
项目实施 – 03

（a）

（b）

（c）

（d）

（e）

（f）

（g）

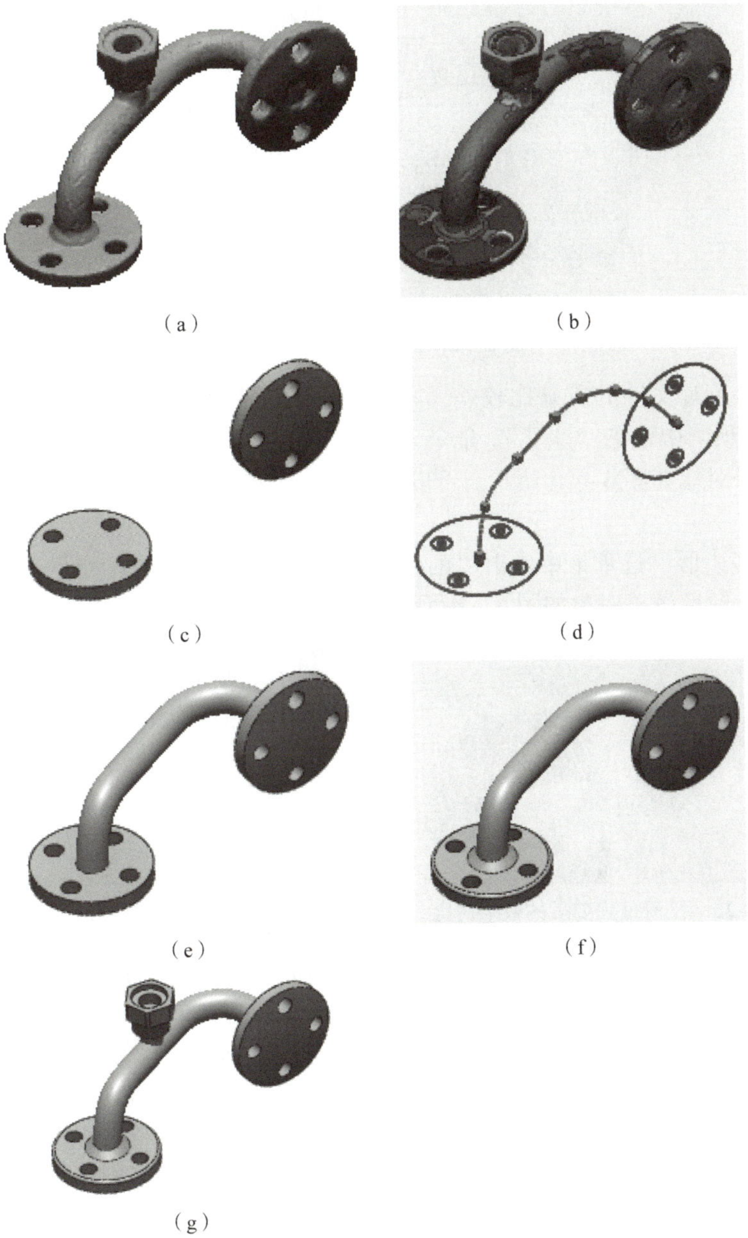

图 6 – 22　弯管逆向建模的简要思路

（a）面片文件导入；（b）领域划分；（c）法兰建模；（d）3D 草图轴线；

（e）管道特征建模；（f）添加圆角等细节；（g）其余部位建模

　　第一步，面片文件导入。在 Geomagic Design X 界面上方，单击"导入"命令按钮，如图 6 – 23 所示，选取面片文件所在的路径，单击"仅导入"选项，扫描的三角面片模型就出现在模型窗口区域，如图 6 – 24 所示。

图 6 – 23　模型文件导入

图6-24　管道三角面片模型

导入后，面片文件的质量比较差，零件表面十分粗糙，需对其进行平滑处理。在"多边形"选项卡中单击"平滑"命令，该命令能够对表面进行一定程度圆滑处理，平滑前后效果对比如图6-25所示。可以多次进行平滑处理，表面平滑效果可以叠加，需要注意的是：

①在"多边形"选项卡中单击"削减"命令，该命令能够减少同一面片中的三角形个数，优化前后效果对比如图6-26所示。

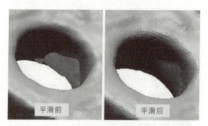

图6-25　平滑处理前后的效果对比

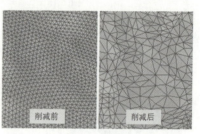

图6-26　削减优化前后效果对比

②在"多边形"选项卡中单击"加强形状"命令，该命令通过锐化角并对平面或圆形区域进行平滑处理来提高面片质量，优化前后效果对比如图6-27所示。

第二步，领域分割。在"领域"选项卡中单击"自动分割"命令，对弯管表面进行领域分割。领域分割的目的是将同属于一个几何面的小三角面片合并为一个整体，方便后续命令的操作。划分的细致程度由对话框中的"敏感度"来决定，如果"敏感度"数值太低，软件不能区分比较小的结构特征，比如小半径的圆角会被忽略。如果"敏感度"数值过高，则会将同一个几何面分割为多个领域，因此可以通过多次尝试，获得一个较合理的数值。分割领域后的效果如图6-28所示。

图6-27　形状加强前后的效果对比

图6-28　弯管模型领域分割

第三步，法兰特征建模。仔细观察法兰，法兰侧面是一个圆柱面，法兰工作面并不是平面，而是一个曲面。由于模型表面质量比较低，为了减少法兰的位置偏差，左侧的法兰我们采用如下的方式进行建模：

在"模型"选项卡中选择"基础曲面"命令，选取"手动提取"模式，选择法兰的侧面的领域，创建圆柱面，如图 6 – 29 所示，这样的操作相当于检测并绘制法兰的圆柱面，完成后的圆柱面如图 6 – 30 所示。

图 6 – 29　基础曲面提取圆柱面　　　　图 6 – 30　法兰圆柱侧面建模

在"模型"选项卡中单击"面填补"命令，弹出的对话框如图 6 – 31 所示，选择刚才建立的圆柱面上边线，单击✔按钮确定，建立圆柱上底面，如图 6 – 32 所示。根据体偏差数值调节圆柱侧面高度，使得面填补建立的上底面作为法兰背面。

图 6 – 31　"面填补"命令　　　　　　图 6 – 32　圆柱上底面

由于法兰配合面是一个曲面，因此我们使用"面片拟合"命令进行建模，单击"面片拟合"命令，以对应表面的领域为基础，"分辨率"选择"控制点数"，设置合理的 U、V 数值，如图 6 – 33 所示，最终获得拟合曲面如图 6 – 34 所示。

在"模型"选项卡中单击"剪切曲面"命令，弹出的对话框如图 6 – 35 所示。"工具要素"选择建立的拟合曲面与圆柱侧面，单击"下一步"按钮➡，残留结果点选相应部分，完成法兰主体结构建模，如图 6 – 36 所示。

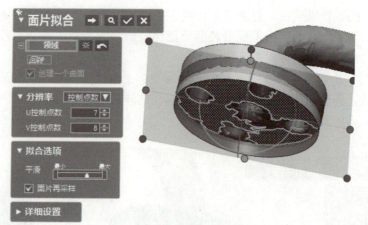

图 6-33　面片拟合设置

图 6-34　曲面拟合效果

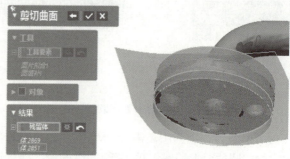

图 6-35　剪切曲面设置

　　以法兰上底面为草图绘制平面，建立"面片草图"，如图 6-37 所示，拉伸获得法兰上的安装孔结构，如图 6-38 所示。

图 6-36　法兰主体结构

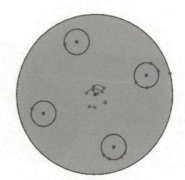

图 6-37　面片草图绘制

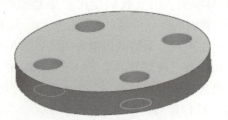

图 6-38　左侧法兰结构

用同样的方法建立右侧法兰结构，绘制完成的效果如图 6-39 所示。

图 6-39　左右法兰建模

第四步，弯管的建模。弯管通过扫描命令来建立，执行扫描命令需要有扫描截面草图和中心引导线，所以在使用扫描命令之前需要准备好截面草图、引导线。首先我们进行引导线的绘制，即管道的中心线的绘制。

在"模型"选项卡中单击"多段线"命令，弹出的对话框如图 6-40 所示，通过现有管道表面数据粗略捕捉管道中心线。"要素"通过鼠标选择管道表面，"方法"选择"管"，由于面片文件的质量比较差，因此将采样比率设置为较小数值10%即可，绘制的多段线中心线如图 6-41 所示。

图 6-40　多段线命令设置

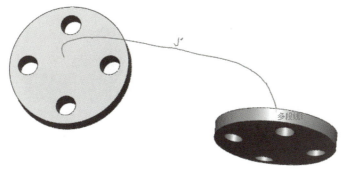

图 6-41　多段线绘制的中心线

在"3D草图"选项卡中单击"3D草图"命令，使用"样条曲线"命令，沿着已有的多段线单击放置样条曲线关键点，得到光滑的样条曲线，如图 6-42 所示。如果样条曲线没有与法兰相交，可以使用"延长"命令对样条曲线两端进行延伸。单击

"退出"按钮 完成绘制。

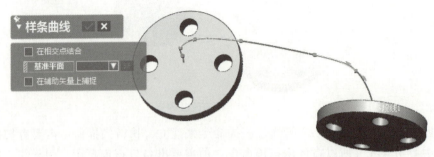

图 6-42   样条曲线绘制

接下来绘制扫描截面草图。在"模型"选项卡中选择"平面"命令，在"追加平面"菜单中的"要素"栏中选择绘制的中心线，"方法"选择"N等分"，为减少面片文件本身的偏差影响，"数量"设置为 4 即可，则出现 4 个等分中心线的平面，如图 6-43 所示，每一个平面都垂直于交点的中心线切线。选取中间某个平面进行面片草图绘制，得到扫描的截面草图，如图 6-44 所示。

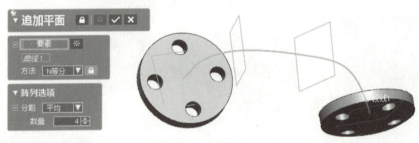

图 6-43   N 等分平面

图 6-44   扫描截面草图

在"模型"选项卡中单击"扫描"命令，弹出的对话框如图 6-45 所示，将中心线设置为路径，截面草图设置为轮廓，单击☑按钮确定，完成管道的实体建模，如图 6-46 所示。

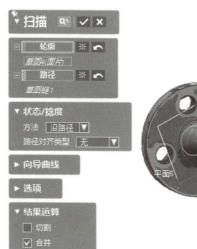

图 6 – 45   扫描命令设置

图 6 – 46   管道部分实体模型

第五步，绘制圆角。在管道两端与法兰接触的部位有过渡圆角，在"模型"选项卡中选择"圆角命令"进行圆角绘制，如图 6 – 47 所示。

第六步，管道中部结构绘制。中部结构最上端是一个六角螺母，我们采用拉伸名片草图的方式绘制。以上表面为草图面绘制面片草图，如图 6 – 48 所示。将草图拉伸一定高度，如图 6 – 49 所示。

图 6 – 47   圆角绘制

图 6 – 48   螺母的面片草图

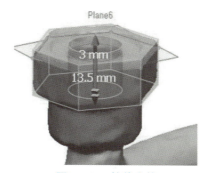

图 6 – 49   拉伸实体

对下半部分采取旋转的方式进行建模，旋转命令需要有旋转轴线和旋转截面草图。在"模型"选项卡中单击"线"命令，在弹出的对话框中，"方法"选择"检索圆柱轴"，"要素"通过鼠标点选回转圆柱面，如图6-50所示。

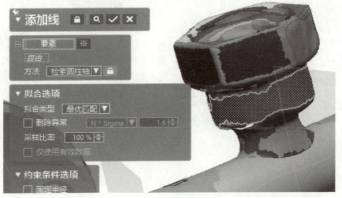

图6-50　获取回转轴

利用轴线和螺母棱线建立新基准面，在该基准面上绘制面片草图，如图6-51所示。在"模型"选项卡中单击"回转"命令，完成底部结构建模，如图6-52所示。

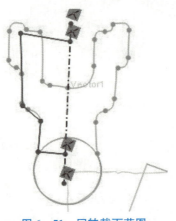

图6-51　回转截面草图

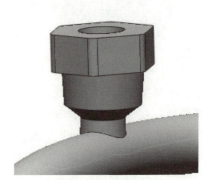

图6-52　回转结构

最后，以螺母上平面绘制沉孔结构，面片草图如图6-53所示，进行拉伸切除获得沉孔结构，如图6-54所示。

图6-53　沉孔面片草图

图6-54　沉孔拉伸

最终完成弯管模型的建模，弯管零件实体模型如图6-55所示。

图6-55 弯管零件实体模型

【任务工单】

任务名称	弯管零件的逆向建模	指导教师	
班级		组长	
组员姓名			
任务要求	在已有的三角面片文件.stl基础上，通过逆向设计软件Geomagic Design X进行操作，获得弯管零件的实体模型，并要求体偏差不超过±0.5 mm		
材料清单			
参考资料			
决策与方案			
实施过程记录			
文档清单	列写本任务完成过程中涉及的所有文档（纸质或电子文档）：		

序号	名称	电子文档存储路径	完成时间	负责人
1				
2				

【任务实施】

(1) 组员分工详情：

姓名	负责内容

(2) 详细实施方案：

【任务评价】

任务名称	弯管零件的逆向建模		得分	
组长			汇报时间	
组员				
任务要求	在已有的三角面片文件 .stl 基础上，通过逆向设计软件 Geomagic Design X 进行操作，获得弯管零件的实体模型，并要求体偏差不超过 ±0.5 mm			

文档接收清单	接收本任务完成过程中设计的文档:			
	序号	文档名称	接收人	接收时间
	1			
	2			

验收评分	评分细则表		
	评分标准	分值	得分
	任务方案的合理性	20 分	
	成员分工明确，进度安排合理	20 分	
	资料收集完成程度	40 分	
	课堂交流汇报效果	20 分	

教师评语	

任务二　弯管零件的创新设计

【学习目标】

（1）熟练几何元素的导出操作。

（2）熟悉 3D 打印数据处理。

（3）培养发散思维，积极面对困难的精神。

【任务描述】

将弯管部分表面数据导出到 SolidWorks 中进行结构修改和创新设计。将导入面进行加厚操作，并更换法兰的结构，如图 6-56 所示。

图 6-56　更换法兰结构

【引导问题】

引导问题：

逆向设计软件 Geomagic Design X 中我们通过扫描命令建立的弯管是实心的，如何将管道做成空心结构？

【知识充电】

一、导出所需几何元素

在逆向设计软件 Geomagic Design X 中针对某一个几何元素进行导出，比如我们只导出弯管部分的外表面，在"初始"选项卡里有导出到不同主流设计软件的接口，我们单击这里的"SolidWorks"图标，如图 6 –57 所示。在弹出的导出菜单中，导出类型选择"仅选择的要素"，之后鼠标点选弯管部分的外表面，如图 6 –58 所示，在 Solid-Works 界面会出现"导出成功"的提示。这时候在 SolidWorks 中可以看见导入的管道表面模型，如图 6 –59 所示。

图 6 –57　导出到 SolidWorks

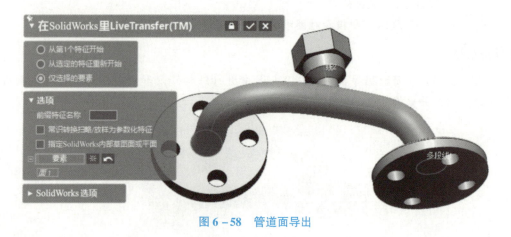

图 6 –58　管道面导出

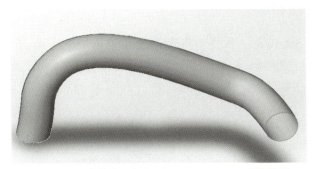

图 6 – 59   弯管表面数据导入 SolidWorks 后的效果

二、SolidWorks 加厚命令

"加厚"命令是曲面建模中常用的命令，用于为面元素赋予一定的厚度特征。如图
6 – 60 所示，单击"加厚"命令，选取蓝色曲面，设置厚度形式以及厚度值，为曲面
赋予厚度，效果如图 6 – 61 所示。

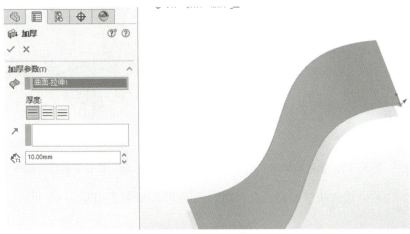

图 6 – 60   加厚命令

图 6 – 61   加厚效果

【操作提要】

第一步，打开 SolidWorks 软件，将弯管表面数据导入。单击"插入"→"凸台"→"加厚"命令，为曲面赋厚 4 mm，如图 6 – 62 所示。

创新设计

打印制作

图 6 – 62　管道曲面加厚

第二步，以管道左端面为草图平面绘制如图 6 – 63 所示的法兰草图，并拉伸 8 mm。继而以法兰端面为基准面绘制安装孔，如图 6 – 64 所示，并进行拉伸切除。

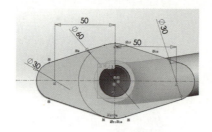

图 6 – 63　法兰的草图

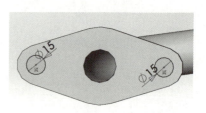

图 6 – 64　法兰安装孔的草图

第三步，另一端的法兰绘制与此类似，最终完成的模型如图 6 – 65 所示。

图 6 – 65　最终实体模型

第四步，3D 打印数据处理。将创新设计结果另存为 . stl 格式文件，然后导入数据分层软件 Pango，如图 6 – 66 所示。零件尺寸明显大于打印机平板的尺寸，因此对于零件首先进行缩小处理，单击"缩放"按钮 ⬜，设置缩放参数，如图 6 – 67 所示，然后单击"确定"按钮。

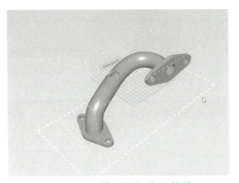

图 6 – 66　模型导入分层软件

图 6 – 67　缩放比例设置

第五步，分层处理。由于摆放位置合理，因此直接单击"分层"命令按钮 ，对模型进行分层处理，并添加必要的支撑，如图 6 – 68 所示。

图 6 – 68　分层处理

第六步，打印模型。将分层后的模型保存为 .pcode 文件，拷贝至优盘，下载到 3D 打印机进行打印制作。

【任务工单】

任务名称	弯管零件的创新设计	指导教师	
班级		组长	
组员姓名			
任务要求	将弯管部分表面数据导出到 SolidWorks 中进行结构修改和创新设计。将导入面进行加厚操作，并更换法兰的结构		
材料清单			
参考资料			
决策与方案			

学习笔记

实施过程记录	
文档清单	列写本任务完成过程中涉及的所有文档（纸质或电子文档）：

序号	名称	电子文档存储路径	完成时间	负责人
1				
2				

【任务实施】

（1）组员分工详情：

姓名	负责内容

（2）详细实施方案：

【任务评价】

任务名称	弯管零件的创新设计	得分	
组长		汇报时间	
组员			
任务要求	将弯管部分表面数据导出到 SolidWorks 中进行结构修改和创新设计。将导入面进行加厚操作，并更换法兰的结构		

文档接收清单

接收本任务完成过程中设计的文档：

序号	文档名称	接收人	接收时间
1			
2			

验收评分

评分细则表

评分标准	分值	得分
成员分工明确，进度安排合理	20 分	
打印件三维建模尺寸、形貌准确	20 分	
打印设备的操作规范性，作品完整程度	40 分	
课堂交流汇报效果	20 分	

教师评语	

项目七　叶片逆向设计与创新

 项目简介

　　风扇叶片造型是曲面建模的典型代表。叶片是一个空间曲面，如何在扫描数据的基础上建立空间曲面，并且从其中获得我们所想要的边界形状？这些问题将在本项目的实践进行中得以解决。因为风扇的叶片是一样的结构，因此扫描数据只有其中一个叶片和中心安装结构的数据，最终通过逆向设计获得如图7-1所示的完整实体模型。

　　本项目分为两个任务模块，分别为风扇叶片的逆向建模、风扇叶片的创新设计。任务一完成基于扫描数据

图7-1　风扇叶片的实体模型

的叶片逆向建模，任务二是在任务一完成的结果模型基础上进行实体导出，并在正向建模软件 SolidWorks 中创建风扇的其他部分零件，进行装配和简单的运动仿真。

任务一　风扇叶片的逆向建模

【学习目标】

　　(1) 理解布尔运算的类型和操作。

　　(2) 掌握曲面赋厚和剪切曲面的操作。

　　(3) 了解阵列操作。

　　(4) 查看体偏差，对模型进行参数修改，提高建模精度。

　　(5) 培养综合建模能力和创新能力。

【任务描述】

　　由于三个叶片是一样的结构形状，因此在逆向设计中的数据采集阶段，我们只扫描了风扇的其中一个叶片数据，以此为基础展开我们的逆向建模任务。本任务要求在已有的三角面片文件 .stl 基础上，通过逆向设计软件 Geomagic Design X 进行操作，获得完整风扇叶片结构的实体模型，并要求体偏差不超过 ±0.2 mm。尝试使用多种方法对结构进行建模，并比较这些不同方法和命令之间的差异和优势。

【引导问题】

引导问题1：

试想在聊天软件中，我们需要将同一段语言或者一张图片发送给不同的聊天对象，这时候你是如何处理的。是将消息复制后转发，还是将同样的内容重复输入进行发送？这对我们在建模中对相同的结构建模有什么启示？

引导问题2：

风扇叶片虽然比较薄，但是具有厚度，所学习过的 Geomagic Design X 逆向建模命令中有哪些命令能够达到为曲面赋厚的效果？

引导问题3：

在只有一个叶片扫描数据的情况下，试分析风扇叶片的逆向建模主要步骤。

【知识充电】

一、面片草图再探究

我们知道在 Geomagic Design X 中，"面片草图"命令能够充分利用横截面边界线辅助设计者进行草图的绘制。比如在拉伸结构体中，就可以利用"面片草图"命令，在合适的高度截取清晰的轮廓线，之后进行草图绘制，如图 7 - 2 所示。

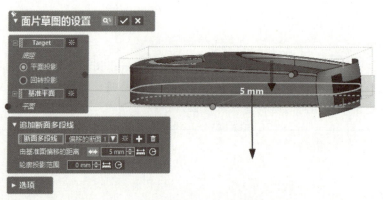

图 7-2　"面片草图"命令菜单

单击"面片草图"命令后，在模型绘制窗口可以看到有两个箭头，其中一个比较细长，另一个比较粗短。鼠标拖动其中细长的箭头，可以看到横截面的高度方向位置发生了变化，获得相应高度处的截交线。如果利用这种方式来获取风扇叶片的轮廓将会是如图 7-3 所示的效果，显然不是我们想要的结果。

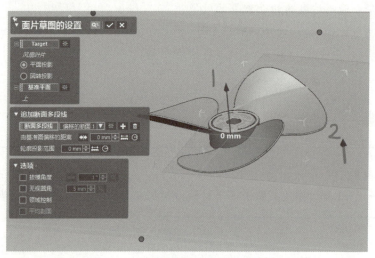

图 7-3　面片草图中细长箭头效果

这时候我们来尝试下拖动另一个粗短的箭头，这个箭头的作用是扩大截交线采集区域，即将一个厚度方向的立体区域中包含的边界线投影到草图面，效果如图 7-4 所示。

二、剪切曲面命令

剪切曲面操作是作用于曲面、参照平面、实体、曲线剪切曲面的。其方法与剪切实体类似。在"模型"选项卡中，单击"剪切曲面"命令按钮 ，将会弹出"剪切曲面"对话框，如图 7-5 所示。在"工具要素"下选择需要修剪的所有曲面或平面，单击"下一步"按钮 ，鼠标点选需要保留的部分面，区域部分的面将会被删除，即可完成剪切曲面的操作。

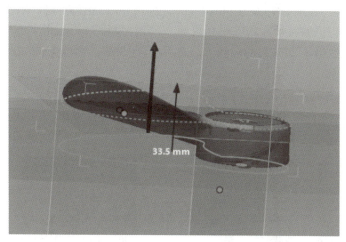

图7-4 面片草图中粗短箭头效果

三、阵列操作

阵列是将相同特征或实体进行复制，并按照指定规律进行排列的操作，经常用于重复结构的建模，通俗理解为"复制"操作与"粘贴"操作的结合命令。这里的指定规律一般包含三种，分别是"线形阵列""圆形阵列"和"曲线阵列"。

（1）线形阵列。生成主体的副本并以用户定义的间隔和方向放置这些副本，如图7-6所示。线形阵列可以将主体特征沿着某一条直线进行排列，也可以沿着两条正交直线确定的两个方向进行排列。

图7-5 剪切曲面命令

（2）圆形阵列。生成特征的副本并将其放在指定半径的圆周上，特征间隔可以是统一的，也可以由用户定义，如图7-7所示。

（3）曲线阵列。生成主体的副本并将其沿着导向曲线进行放置，如图7-8所示。

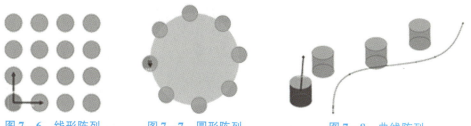

图7-6 线形阵列　　　图7-7 圆形阵列　　　图7-8 曲线阵列

在"模型"选项卡中，单击"线形阵列"命令，弹出"线形阵列"对话框，如图7-9所示，"体"选择所需要阵列的特征，"方向2"不需要时可以取消勾选，在每个方向可以指定数量和间距，默认为均匀排布，如果需要调整，可以勾选"跳过情况"复选框进行进一步设置。

在"模型"选项卡中，单击"圆形阵列"命令，弹出"圆形阵列"对话框，如图

7–10 所示，"体"选择所需要阵列的特征，"回转轴"选择副本排列的圆周中心轴线，"要素数"设置包括原特征在内的所有数量，"合计角度"用于指定圆周角度范围，即 0°~360°之间的数值。默认为均匀排布，如果需要调整，可以勾选"跳过情况"复选框进行进一步设置。

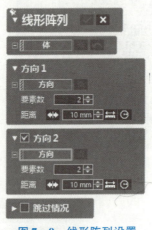

图 7–9　线形阵列设置　　　　图 7–10　圆形阵列设置

四、布尔运算

布尔运算是通过合并、剪切、交叉方式，创建新的实体。如图 7–11 所示，A 和 B 实体具有重叠区域，对于两者使用布尔运算的三种形式，分别得到不同新的实体模型。布尔运算中的合并是将两个实体进行融合，如图 7–11 左侧的结果，这时候与原始模型之间的区别是，合并后仅剩余一个实体，合并前 A、B 是两个独立的个体。如果合并前 A、B 的质量分别是 10 kg、15 kg，重叠部分的质量是 5 kg，那么合并后的质量应该是 20 kg。

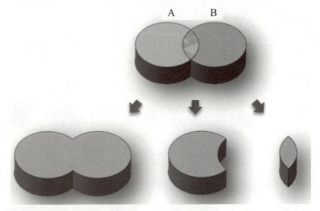

图 7–11　布尔运算

布尔运算中的剪切是从一个实体中切除掉另一个实体所占据的公共部分，效果如图 7–11 中的中间结果，假定剪切前的 A、B 质量分别是 10 kg、15 kg，重叠部分的质量是 5 kg，那么剪切后的质量为 5 kg。

布尔运算中的交叉运算是将有公共部分的两个实体进行处理，保留公共部分，其余均被删除的操作，效果如图 7-11 中的右侧结果。

基于布尔运算这种便捷性，该命令多用于合并、切割实体，并用于复杂外形的零件建模。比如进行图 7-12 所示的壳体结构建模，可以首先通过建立两个有重叠区域的模型（见图 7-13），进行布尔运算的剪切即可完成，相比于其他形式的建模方法要简单得多。

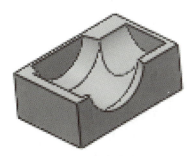
图 7-12　复杂壳体结构

图 7-13　布尔运算前模型

布尔运算位于"模型"选项卡之中，单击命令按钮 布尔运算，弹出如图 7-14 所示命令菜单，选取需要的布尔操作类型即可。

叶片逆向建模
项目实施 -01

叶片逆向建模
项目实施 -02

叶片逆向建模
项目实施 -03

【操作提要】

叶片模型主要由两部分组成，第一部分是叶片，第二部分是中心安装结构。对于叶片可以进行面片拟合获得叶片曲面，然后剪切出叶片的形状，逆向建模完成一个叶片结构后，对其进行阵列获得其余叶片。对于中心安装结构，可以进行回转和实体拉伸建模完成。

第一步，将面片模型文件导入 Geomagic Design X 中，在"领域"选项卡中单击"自动分割"命令，对叶片模型进行领域的划分，如图 7-15 所示。

图 7-14　布尔运算菜单

图 7-15　领域划分结果

第二步，叶片面片拟合。单击"面片拟合"命令，弹出"面片拟合"对话框，"领域"点选叶片表面的领域，如图 7-16 所示。得到拟合曲面如图 7-17 所示。

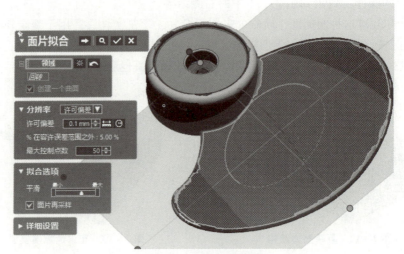

图 7 - 16   面片拟合设置

图 7 - 17   叶片所在的曲面拟合结果

第三步，获取叶片轮廓。选择上视基准面进行面片草图绘制，首先用鼠标拖动细长箭头将截交面下移至整个叶片外侧，然后用鼠标拖动短粗箭头向上移动将整个叶片包含进立体区域，如图 7 - 18 所示。单击☑按钮确定后，叶片的轮廓线投影在了上视基准面，接着利用"自动草图命令"将轮廓线转化为草图线段，并将其封闭作为封闭区域，如图 7 - 19 所示。

第四步，裁剪拟合曲面。利用叶片的轮廓草图对拟合的曲面进行裁剪，得到叶片的实际形状。单击"剪切曲面"命令，弹出如图 7 - 20 所示对话框。"工具"选择拟合曲面 1、草图链 1，也就是拟合曲面与叶片轮廓草图，单击"下一步"按钮➡，用鼠标点选叶片的保留区域，得到的单个叶片表面如图 7 - 21 所示。

在"模型"选项卡中单击"赋厚"命令，对叶片进行加厚 2 mm，如图 7 - 22 所示。然后单击"圆角"命令对周边进行圆角处理。

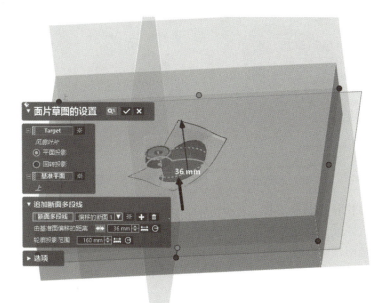

图 7－18　面片草图获取叶片轮廓

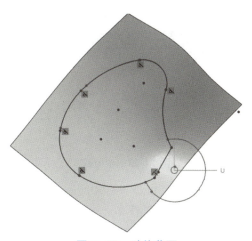

图 7－19　叶片草图

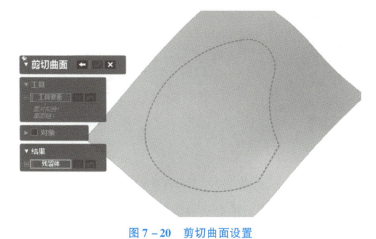

图 7－20　剪切曲面设置

图 7 - 21　叶片表面模型　　　　**图 7 - 22　赋厚后的叶片**

　　第五步，叶片阵列操作。将已经获得的风扇叶片进行阵列，由于是圆形阵列，需要有中心轴线，因此必须先将风扇的中心轴线作出，这时候发现右视基准面和前视基准面的交线就是回转中心线，因此单击"模型"选项卡中的"线"命令，作出两个基准面的交线，如图 7 - 23 所示。

图 7 - 23　中心线

　　单击"圆形阵列"命令，弹出了如图 7 - 24 所示的"圆形阵列"对话框，"体"选择已经建立的叶片，"回转轴"选择轴线 1，"要素数"为 3，"合计角度"为 360°，然后单击✔按钮确定，阵列后的效果如图 7 - 25 所示。

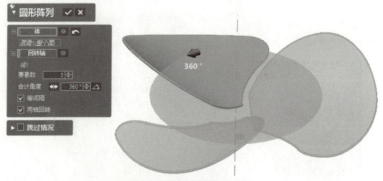

图 7 - 24　圆形阵列设置

　　第六步，中心安装结构建模。中心安装结构主体是一个回转体，我们在前视基准面上绘制面片草图，之后进行回转即可获得中心安装结构的草图，如图 7 - 26 所示。

图 7 - 25　叶片阵列效果

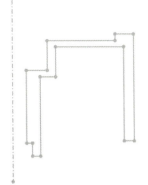

图 7 - 26　中心主体草图

　　单击"模型"选项卡中的"回转"命令，以中心轴为回转轴，绘制的面片草图为旋转截面草图，得到中心安装部分的主体结构模型，如图 7 - 27 所示。但是从背面可以看到叶片过长，已经进入了中心安装结构中，如图 7 - 28 所示。因此需要对叶片的多余部分进行切割。

图 7 - 27　回转效果

图 7 - 28　背部多余叶片

　　此时，我们想利用中心体内表面进行切割，但是发现内表面无法选中，鼠标点选内表面会默认选中了整合中心实体，因此我们要利用"曲面偏移"命令根据内表面作出一个表面来，单击"模型"选项卡中的"曲面偏移"命令，弹出如图 7 - 29 所示对话框，选中内表面，偏移距离设置为 0，这样就相当于作出来一个单独的内表面。

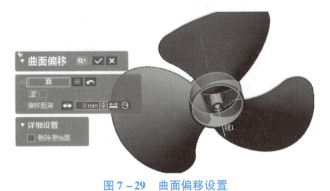

图 7 - 29　曲面偏移设置

単击"切割"命令，在弹出的对话框中进行设置，"工具要素"为刚才建立的内表面，"对象体"为其余实体部分，如图7-30所示，然后单击"下一步"按钮➡️，点选所有要保留的部分，完成切割操作，单击"布尔运算"命令，将所有部分进行合并，如图7-31所示。

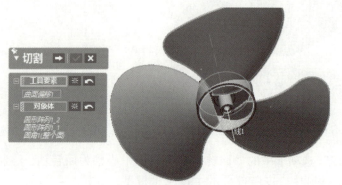

图7-30 切割操作

第七步，中心安装结构内部筋板建模。在筋板上表面建立新的基准平面，进行草图绘制，如图7-32所示。对该草图进行拉伸，如图7-33所示。单击"圆形阵列"命令，以筋板为阵列对象，中心轴线为旋转轴进行阵列，"要素数"为6，"合计角度"为360°，如图7-34所示。最后，利用布尔合并运算将筋板和主体进行合并操作。至此完成整个风扇叶片的逆向建模。

图7-31 切除多余部分

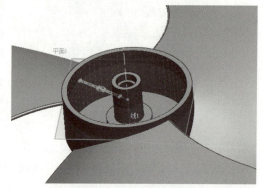

图7-32 筋板草图绘制

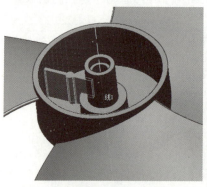

图7-33 筋板拉伸

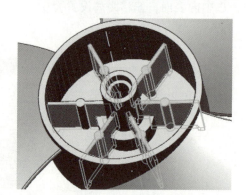

图7-34 筋板阵列

【任务工单】

任务名称	风扇叶片的逆向建模	指导教师	
班级		组长	
组员姓名			
任务要求	在已有的三角面片文件 .stl 基础上，通过逆向设计软件 Geomagic Design X 进行操作，获得完整风扇叶片结构的实体模型，并要求体偏差不超过 ±0.2 mm		
材料清单			
参考资料			
决策与方案			
实施过程记录			
文档清单	列写本任务完成过程中涉及的所有文档（纸质或电子文档）：		

列写本任务完成过程中涉及的所有文档（纸质或电子文档）：

序号	名称	电子文档存储路径	完成时间	负责人
1				
2				

【任务实施】

（1）组员分工详情：

姓名	负责内容

（2）详细实施方案：

【任务评价】

任务名称	风扇叶片的逆向建模		得分	
组长			汇报时间	
组员				
任务要求	在已有的三角面片文件 .stl 基础上，通过逆向设计软件 Geomagic Design X 进行操作，获得完整风扇叶片结构的实体模型，并要求体偏差不超过 ±0.2 mm			

<table>
<tr><td rowspan="7">文档接收清单</td><td colspan="4">接收本任务完成过程中设计的文档：</td></tr>
<tr><td>序号</td><td>文档名称</td><td>接收人</td><td>接收时间</td></tr>
<tr><td>1</td><td></td><td></td><td></td></tr>
<tr><td>2</td><td></td><td></td><td></td></tr>
<tr><td></td><td></td><td></td><td></td></tr>
<tr><td></td><td></td><td></td><td></td></tr>
<tr><td></td><td></td><td></td><td></td></tr>
</table>

<table>
<tr><td rowspan="6">验收评分</td><td colspan="3">评分细则表</td></tr>
<tr><td>评分标准</td><td>分值</td><td>得分</td></tr>
<tr><td>任务方案的合理性</td><td>20 分</td><td></td></tr>
<tr><td>成员分工明确，进度安排合理</td><td>20 分</td><td></td></tr>
<tr><td>资料收集完成程度</td><td>40 分</td><td></td></tr>
<tr><td>课堂交流汇报效果</td><td>20 分</td><td></td></tr>
</table>

教师评语	

任务二　风扇叶片的创新设计

【学习目标】

（1）熟练零部件装配。

（2）熟悉基于计算机技术的运动仿真。

（3）树立科技强国观念。

【任务描述】

将建立好的叶片逆向设计模型导出到 SolidWorks 中进行结构修改和创新设计。创建转轴、电机（马达）、支架等风扇零件（见图 7-35），并进行装配和运动仿真。

图 7-35　风扇零件与装配

【引导问题】

引导问题：

机械产品生产前为什么要进行零件强度等力学校核，以及运动仿真？

【知识充电】

一、利用通用格式导出实体模型

我们将逆向建模得到的实体模型视作一个整体进行导出，在特征树下方的"模型"区域，软件将各种几何要素进行了归类，如图 7-36 所示。用鼠标右键单击"实体"

下拉菜单中的"圆形阵列2",弹出如图7-37所示的菜单,用鼠标左键单击"输出"命令,在弹出的对话框中为文件命名,并选择通用实体格式. x_t 进行保存。之后 Solid-Works 就能够打开我们逆向建模得到的风扇叶片数据。

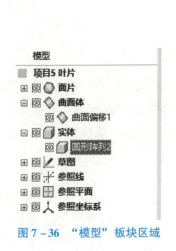 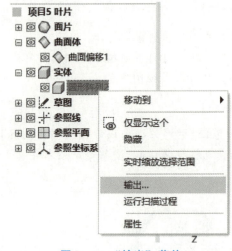

图7-36 "模型"板块区域   图7-37 "输出"菜单

二、SolidWorks 装配

机械产品都是由多个零部件组装形成的,每个构件各司其职,共同完成运动转化,将原动件的简单运动变为执行构件的动作。在设计软件 SolidWorks 中,可以将已经建立完成的所有零件按照实际运动副的约束条件进行装配。装配也是其他后续仿真的前提,可以从装配过程中,及时发现零部件存在的一些问题,比如行程不够、相邻零件干涉等,从而能在加工生产之前解决问题。

建立装配文件的主要流程如下:

(1)打开 SolidWorks 软件,如图7-38所示,单击"文件"→"新建"→"装配体"命令进入装配界面。

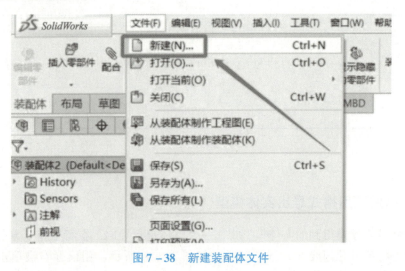

图7-38 新建装配体文件

（2）单击"插入零部件"命令，浏览零部件文件所在位置，将其导入界面，如图7-39所示。一般导入的第一个零件默认为固定，因此习惯上首先把机架导入。后续按照装配顺序进行零件的插入，需要哪一个零件就将其导入，不必一次性将所有零部件都导入。

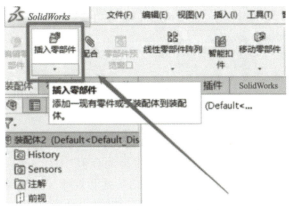

图7-39　插入零部件

（3）添加约束。零部件之间是通过约束来实现运动副关系的，单击"配合"命令，如图7-40所示，实现约束配合。

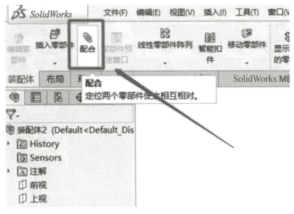

图7-40　约束配合

配合包括三大类，分别是标准配合、机械配合和高级配合，需根据实际的配合需求进行选择。

三、SolidWorks 运动分析

对于装配体可以创建运动算例，进行运动仿真与计算。在设计阶段就能够分析产品的运动特性，这是计算机辅助设计的重要部分。SolidWorks 为用户提供了三种运动分析类型，分别是动画、基本运动和 Motion 分析。Motion 类型的功能可以精确模拟并分析装配体的运动，同时合成运动算例单元的效果（包括力、弹簧、阻尼以及摩擦）。一般建立运动算例的主要过程如下：

（1）打开 Motion 插件。在 SolidWorks 插件中勾选"SolidWorks Motion"复选框，如

图 7 - 41 所示。

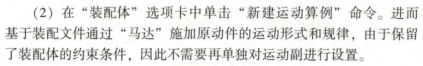

图 7 - 41　Motion 插件勾选

创新设计 - 01

创新设计 - 02

创新设计 - 03

（2）在"装配体"选项卡中单击"新建运动算例"命令。进而基于装配文件通过"马达"施加原动件的运动形式和规律，由于保留了装配体的约束条件，因此不需要再单独对运动副进行设置。

（3）运行仿真算例，查看后处理数据分析。算例进行计算后，可以查看运动参数之间的关系，以及受力的变化规律，从而进行针对性分析与改进模型设计。

【操作提要】

第一步，打开 SolidWorks 软件，新建零件文件，单击"打开文件"命令，将打开逆向软件 Geomagic Design X 导出的实体文件"风扇叶片 . x_t"，如图 7 - 42 所示。

第二步，建立转轴模型。叶片转动是电机带动中心转轴进行旋转的，由于转轴和叶片是同步旋转，因此从运动学分析的角度，它们属于一个构件，我们将转轴建立在导入的叶片模型中，利用"拉伸"命令即可完成，效果如图 7 - 43 所示。

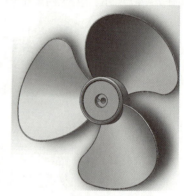

图 7 - 42　叶片导入

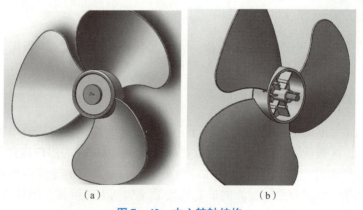

（a）　　　　　　　　　（b）

图 7 - 43　中心转轴结构

（a）转轴正面；（b）转轴后面

第三步，电机外壳部分建模。生活中立式风扇的马达安装在叶片的后侧，有一个罩壳将其与外部环境隔离开，电机轴与叶片中心轴连接，为了简化模型，我们将电机部分用外形相似的实心零件代替，中心轴与其中心的孔进行配合。如图 7-44 所示，主体结构通过草图旋转获得，草图如图 7-45 所示。中心孔通过拉伸切除命令进行建立，孔径与中心轴相同（8.5 mm）。与立杆之间的安装形式也采用轴孔结构，因此在电机壳体下部切出一个平面区域，拉伸切除直径为 20 mm 的圆孔，深 10 mm。

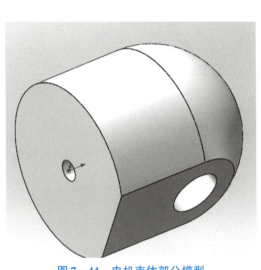

图 7-44　电机壳体部分模型

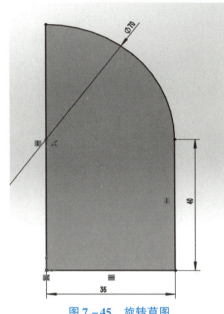

图 7-45　旋转草图

第四步，立杆与底座建模。立杆是简单的圆柱形状，如图 7-46 所示。利用"拉伸"命令即可建立，高度与尺寸自定，底座是一个回转零件，因此只需要将截面草图进行回转，草图如图 7-47 所示。

图 7-46　立柱

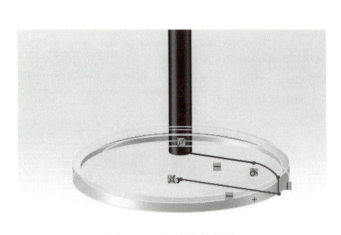

图 7-47　底盘旋转草图

第五步，装配。插入立柱零件，作为固定的机架，然后插入电机壳体零件，壳体底部与立柱末端进行约束，约束包含圆柱面之间的同轴约束和端面的重合约束，如图 7 - 48 所示。

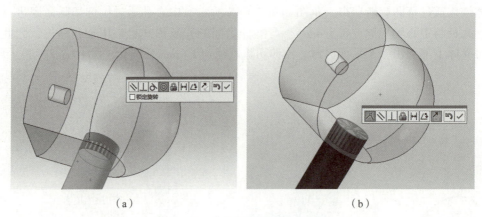

（a）　　　　　　　　　　　（b）

图 7 - 48　立柱与电机罩壳间装配
（a）同轴约束；（b）端面重合约束

插入零件"风扇叶片"，叶片与电机罩壳之间的配合是，中心轴与孔的同轴配合，轴端与孔底的重合约束，如图 7 - 49 所示。

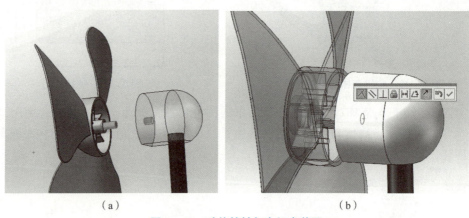

（a）　　　　　　　　　　　（b）

图 7 - 49　叶片转轴与电机壳装配
（a）同轴约束；（b）端面重合约束

第六步，Motion 运动仿真分析。新建运动算例，在 SolidWorks 插件中选中"Solid-Works Motion"，如图 7 - 50 所示。在模型视图页面左下方的下拉菜单中选中"Motion 分析"，弹出界面如图 7 - 51 所示。

图 7 - 50　Motion 插件点选

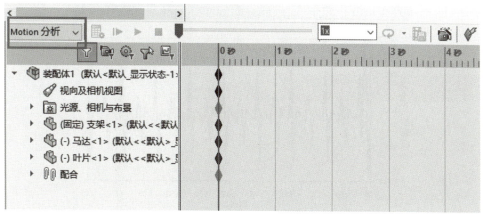

图 7 – 51　Motion 分析选项

第七步，为原动件添加马达。单击马达图标 ，弹出设置菜单，如图 7 – 52 所示。马达类型选择"旋转马达"，零部件选择中心轴。运动规律为"等速"，每分钟 100 转，然后单击✔按钮。

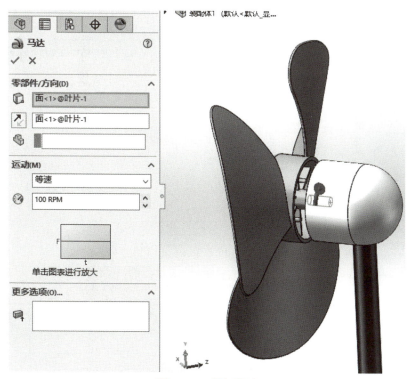

图 7 – 52　添加马达

第八步，运行运动算例。单击运行图标，默认进行 5 秒时间的运动计算，在计算过程中就可以看到风扇叶片在匀速转动。单击曲线图标，可以查看运动和受力分析，如图 7 – 53 是叶片某段的平均角速度分析规律。

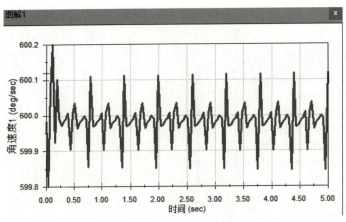

图 7 – 53   Motion 分析曲线规律

【任务工单】

任务名称	风扇叶片的创新设计	指导教师	
班级		组长	
组员姓名			
任务要求	将建立好的叶片逆向设计模型导出到 SolidWorks 中进行结构修改和创新设计。创建转轴、电机、支架等风扇零件，进行装配和运动仿真		
材料清单			
参考资料			
决策与方案			
实施过程记录			
文档清单	列写本任务完成过程中涉及的所有文档（纸质或电子文档）： 表格见下		

列写本任务完成过程中涉及的所有文档（纸质或电子文档）：

序号	名称	电子文档存储路径	完成时间	负责人
1				
2				

【任务实施】

（1）组员分工详情：

姓名	负责内容

（2）详细实施方案：

【任务评价】

任务名称	风扇叶片的创新设计		得分	
组长			汇报时间	
组员				
任务要求	将建立好的叶片逆向设计模型导出到 SolidWorks 中进行结构修改和创新设计。创建转轴、电机、支架等风扇零件，进行装配和运动仿真			

学习笔记

文档接收清单	接收本任务完成过程中设计的文档：			
	序号	文档名称	接收人	接收时间
	1			
	2			

验收评分	评分细则表		
	评分标准	分值	得分
	成员分工明确，进度安排合理	20分	
	装配结果准确	20分	
	仿真结果及作品完整程度	40分	
	课堂交流汇报效果	20分	

教师评语	

项目八　汽车轮毂逆向设计与创新

项目简介

经济发展让汽车走进每户家庭，我国汽车保有量已经进入世界前列，人们愈加注重汽车的设计风格。轮毂作为重要零部件，它的设计样式也越来越多。主体结构呈现轮辐圆形阵列布置，并且包含较多的曲面结构。运用逆向建模手段进行轮毂结构的快速设计不失为一种好方法。

本项目从汽车轮毂扫描数据出发，进行轮毂逆向建模的学习。轮毂零件组成部分包含中心球面、轮缘回转体、轮辐。通过汽车轮毂逆向建模，可以掌握曲面在逆向设计软件中如何构造和修饰，同时也是对 Geomagic Design X 软件回转结构等建模技巧的巩固。

本项目分为两个任务模块，分别为汽车轮毂的逆向建模、汽车轮毂的创新设计。任务一完成基于扫描数据的零件逆向建模，任务二是在任务一完成的结果模型基础上进行轮毂实体数据导出，在正向建模软件 SolidWorks 中进行轮胎的设计与装配。

图 8-1 所示为汽车轮毂实体模型。

图 8-1　汽车轮毂实体模型

任务一　汽车轮毂的逆向建模

【学习目标】

(1) 掌握面片拟合命令的详细设置。

(2) 掌握回转、阵列命令的操作。

(3) 查看体偏差，对模型进行参数修改，提高建模精度。

(4) 培养劳模精神、劳动精神和工匠精神。

【任务描述】

汽车轮毂是一个结构较为复杂的空间几何体，包含较多的曲面结构。但结构布局比较规整，多是回转结构和阵列布局。轮缘是回转体，轮辐是曲面结构，呈现圆形阵列分布，中心连接处是中心实体。本任务要求在已有的三角面片文件 .stl 基础上，通过逆向设计软件 Geomagic Design X 进行操作，获得汽车轮毂零件的实体模型，并要求体偏差不超过 ±0.5 mm。通过动手操作，对比不同小组之间的建模结果，交流建模心得。

【引导问题】

引导问题 1：

汽车轮毂模型主要由哪几部分组成？建模时这几部分的顺序如何安排？

引导问题 2：

建立轮辐结构时，选取哪一个作为原始的阵列结构？为什么？

【知识充电】

一、对齐

我们最常使用的对齐命令是"手动对齐"。导入后的面片文件模型在软件的坐标系中不一定是用户所需要的方位，通过对齐操作，使模型位置摆正，能够方便后续命令的使用，它不是必需的操作，但是对于一些复杂模型的建模过程有很大帮助。"手动对齐"命令位于"对齐"选项卡，依次单击"工具"→"对齐"→"手动对齐"命令可实现对齐功能。

一般在划分区域之后，单击"手动对齐"命令，选中模型，单击"下一步"按钮，此时模型界面将会被分割为左右两部分，如图8-2所示，左侧的窗口界面是原有窗口，用于点选几何要素，右侧的窗口用于观察效果。

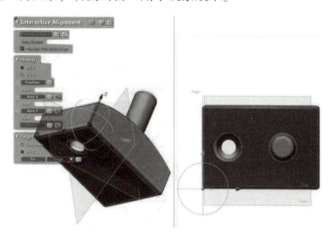

图 8 - 2   手动对齐操作界面

命令菜单中有两种方法可供用户选择，分别是"3 - 2 - 1"和"X - Y - Z"，这里我们用"3 - 2 - 1"方法做介绍。

单击"3 - 2 - 1"方法，首先单击"平面"，选取一个平面领域，该区域的法向方向就是 Z 轴，接着单击"方向"，选中与上一个平面区域正交的区域来确定坐标系的 Y 轴。最后单击"位置"，选中另一个与上两个面正交的平面领域，以确定坐标系位置。这样实现对齐操作。

可以看到这种方法需要提前划分领域，并且模型本身具有三个正交平面区域。另一种操作方法"X - Y - Z"是借助现有或用户绘制的几何元素进行对齐，可以选中某段直线段作为坐标轴，坐标系位置可以直接通过选中某个点作为坐标系的原点实现。显然这种方法多用于没有现成正交平面的情形中。

二、拉伸精灵

对于扫描质量很好的模型，Geomagic Design X 软件提供了一系列快速建模工具，可以使用户更为快捷地完成相应结构建模。这里以拉伸为例，软件提供了"拉伸精灵"命令。如图8-3所示，面片质量不错的模型通过领域分割得到不同的区域，通过"拉伸精灵"命令可以从单元面或领域中提取拉伸对象。向导会根据所选领域，以智能方式计算出断面轮廓、拉伸方向和高度，其结果可以为现有体合并的、或用作切割工具的新实体或曲面。

图 8-3 拉伸精灵处理过程

"拉伸精灵"命令位于"模型"选项卡的"向导"组中，也可以通过鼠标右键单击领域，在弹出的快捷菜单中选择，如图 8-4 所示。还可以依次单击"插入"→"建模精灵"→"拉伸精灵"命令获得其功能。

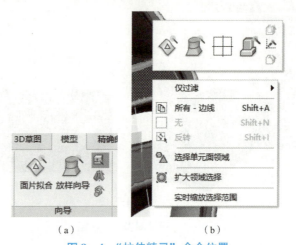

(a)　　　　　　　　　　　　　(b)

图 8-4 "拉伸精灵"命令位置

(a)"模型"选项卡中选择; (b) 右键单击领域选择

"拉伸精灵"命令的使用操作如下:

(1) 领域划分。对面片模型进行领域划分。

(2) 单击"拉伸精灵"命令，弹出命令菜单，如图 8-5 所示。按照命令菜单上的提示项目，分别点选目标拉伸体的侧面、上顶面以及下底面，如图 8-6 所示。

图 8-5 "拉伸精灵"命令菜单

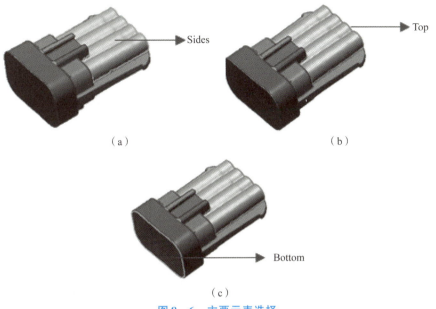

（a）

（b）

（c）

图 8-6　主要元素选择

(a) 侧面点选；(b) 顶面点选；(c) 底面点选

（3）单击"下一步"按钮 ➡ ，预览模型的效果，单击 ✔ 按钮完成，如图 8-7 所示。

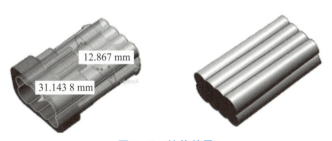

图 8-7　拉伸效果

(a) 预览；(b) 拉伸实体

注意：在完成拉伸后，我们在建模记录中可以看到自动创建了草图，如果需要进一步根据要求进行修改，可以直接进入草图编辑。

【操作提要】

汽车轮毂的逆向建模主要步骤分为 6 步，大致如下：

（1）导入面片文件，并分割领域，如图 8-8（a）所示。

（2）对齐操作，如图 8-8（b）所示。

（3）创建主体特征，如图 8-8（c）所示。

（4）修剪面特征，如图 8-8（d）所示。

（5）创建中心局部特征，如图 8-8（e）所示。

（6）根据体偏差修正参数，如图 8-8（f）所示。

（a）   （b）

（c）   （d）

（e）   （f）

图 8－8   轮毂逆向建模的简要思路

（a）导入与领域分割；（b）坐标系对齐；（c）主体面特征；（d）修剪面；（e）中心结构建模；（f）参数修正

　　第一步，面片文件导入与领域分割。在 Geomagic Design X 界面上方，单击"导入"按钮，如图 8－9 所示，选取面片文件所在的路径，单击"仅导入"选项，扫描的三角面片模型就出现在模型窗口区域，如图 8－10 所示。

图 8－9   模型文件导入   图 8－10   汽车轮毂三角面片模型

导入后，进行领域分割，在"领域"选项卡中单击"自动分割"命令按钮，如图 8 – 11 所示。"敏感度"的选取根据划分效果进行调整，使得各曲面区域尽量处于同一个领域内，也可以使用领域合并、划分等命令进行手动编辑。领域分割效果如图 8 – 12 所示。

图 8 – 11 "自动分割"命令按钮　　　　图 8 – 12 领域分割效果

第二步，对齐操作。多数情况下导入的面片模型摆放位置并不与软件的全局坐标系一致，不是我们想要的摆放姿态，或者现有的摆放位置不利于后续的建模操作，因此我们需要将其进行对齐操作。

首先，在"模型"选项卡中，单击"平面"命令，弹出命令对应的菜单，用鼠标左键点选轮缘位置的领域作为要素，如图 8 – 13 所示，"拟合类型"选择"最大境界"，如图 8 – 14 所示，最后单击✔按钮后退出命令，得到新建参考平面如图 8 – 15 所示。

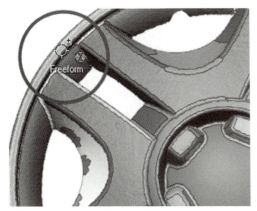

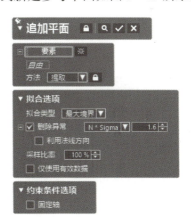

图 8 – 13 参考领域选择　　　　　　图 8 – 14 "平面"命令菜单设置

图 8 – 15 新建参考平面

再次打开"平面"命令,将"方法"设置为"绘制直线",利用鼠标绘制如图8-16(a)所示的直线,单击☑按钮,效果如图8-16(b)所示。

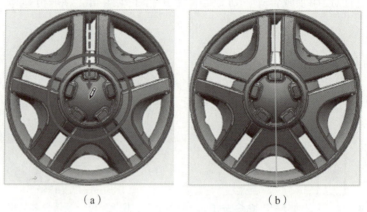

（a）   （b）

图8-16 新建参考平面

（a）绘制直线；（b）新建平面2效果

接下来,依旧打开"平面"命令,利用刚才建立的参考平面2生成新的参考面,"要素"选取平面2和扫描数据,"方法"选择"镜像",如图8-17所示。参考平面1将被用于确定Z方向,平面3将被用于确定X方向,如图8-18所示。

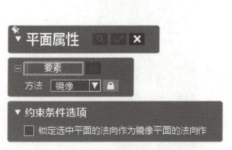

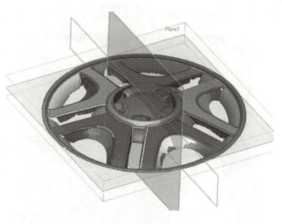

图8-17 "平面属性"对话框   图8-18 新建平面3

单击"对齐"选项卡中的"手动对齐"命令,点选模型后进行下一步,在命令菜单中的"移动"栏选择"X-Y-Z"方法,选取中心球面结构作为坐标系的原点位置,如图8-19所示,在命令菜单中单击一下"Z轴",然后选择参考平面1,使得Z轴的方向和平面1法向一致,如图8-20所示;同样地,设置X轴与参考平面3的法向一致,效果如图8-21所示。可以通过单击换向按钮⬌进行方向变换,进而确定Y轴的正方向,然后单击☑按钮,完成对齐操作,AB方向是X轴,AC为Y轴,AD为Z轴,如图8-22所示。

图 8 – 19　原点放置

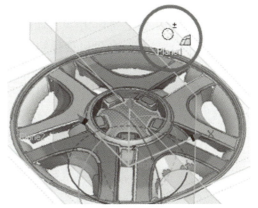

图 8 – 20　Z 轴确定

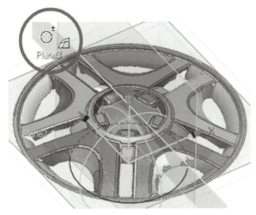

图 8 – 21　X 轴确定

图 8 – 22　对齐后姿态

　　第三步，建立主体表面结构。由于扫描质量比较好，同时轮毂的结构基本都由规则曲面结构组成，因此我们可以利用软件提供的各种建模精灵进行快速建模。在"模型"选项卡中，单击"线"命令，选择"右视基准面"和"上视基准面"做要素，得到两者的交线，即中心轴线，如图 8 – 23 所示。

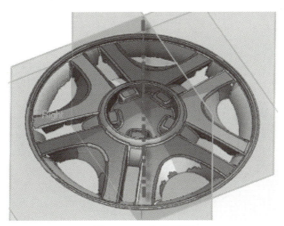

图 8 – 23　中心轴线

接下来进行轮缘结构的建模。在"模型"选项卡中提供了很多建模向导/精灵，如图 8－24 所示。单击"回转精灵"命令，选择轮缘位置的领域，如图 8－25 所示。调整"敏感度"等参数，获得轮缘部位的实体表面，如图 8－26 所示。

图 8－24　部分建模向导

图 8－25　选择轮缘部位领域

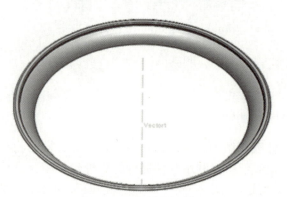

图 8－26　轮缘结构模型

接下来同样利用"回转精灵"命令对轮毂中心结构进行建模。其效果如图 8－27 所示。

图 8－27　中心回转结构

剩余主体部分结构是轮辐部分，对于这 4 个完全一样的轮辐，可以建立其中一个之后进行圆形阵列。对曲面部分使用"面片拟合"命令及逆行建模，对于侧面的平面可以用"基础曲面"命令来创建。完成后进行圆形阵列，效果如图 8 – 28 所示。

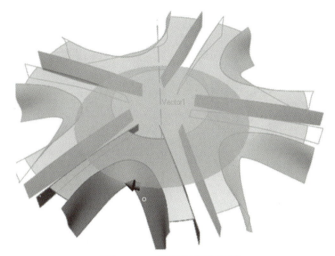

图 8 – 28　轮辐部分的建模

第四步，对已有曲面进行剪裁操作。目前获得的模型是由很多几何面交错而成的，有部分区域的面是多余的，因此需要裁剪，使用"曲面剪切"命令，该命令位于"模型"选项卡中，单击后，框选所有已有几何面作为要素，如图 8 – 29 所示，然后单击"下一步"按钮➡，用鼠标点选需要保留的区域，如图 8 – 30 所示，然后单击✅按钮后，获得如图 8 – 31 所示结果。

图 8 – 29　框选面元素

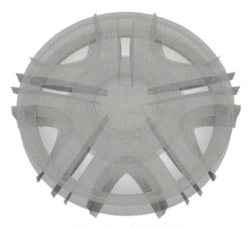

图 8 – 30　选取保留面

第五步，中心凸台建模。在轮毂中心有 5 个均匀布置的凸台，凸台表面都由平面构成，首先我们利用"基础曲面"命令提取这些表面，如图 8 – 32 所示。接着使用"曲面剪切"命令进行修剪，保留凸台上的实际平面区域，如图 8 – 33 所示。最后，使用"圆形阵列"命令进行操作，对象为刚才裁剪后的凸台表面，"要素数"为 5，"合计角度"为 360°，然后单击✅按钮，效果如图 8 – 34 所示。

图 8 – 31 裁剪效果

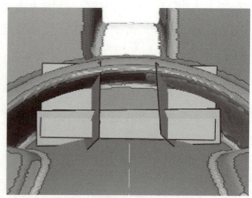

图 8 – 32 凸台平面提取

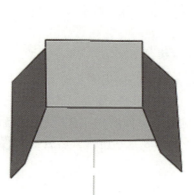

图 8 – 33 多余表面裁剪

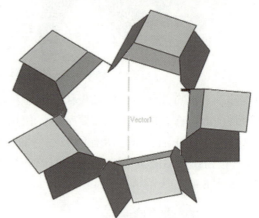

图 8 – 34 凸台结构阵列

最后，为响应部分添加圆角特征，如图 8 – 35 所示。

图 8 – 35 添加圆角特征

第六步，调整模型细节参数。根据体偏差，调整局部的参数，使得模型精度提高，但这里指出，并不是体偏差显示的误差越小就越好，这和扫描文件的表面质量密切相关，需根据实际情况决定。调整结束后，利用"曲面赋厚"命令为几何面施加厚度 1.5 mm，完成轮毂的逆向建模，如图 8 – 36 所示。

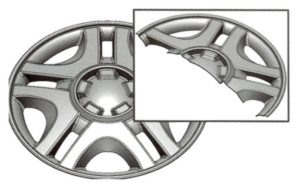

图 8 -36   轮毂实体模型

学习笔记

【任务工单】

任务名称	汽车轮毂的逆向建模	指导教师	
班级		组长	
组员姓名			
任务要求	在已有的三角面片文件 . stl 基础上，通过逆向设计软件 Geomagic Design X 进行操作，获得汽车轮毂的实体模型，并要求体偏差不超过 ±1 mm		
材料清单			
参考资料			
决策与方案			
实施过程记录			
文档清单	列写本任务完成过程中涉及的所有文档（纸质或电子文档）：		

序号	名称	电子文档存储路径	完成时间	负责人
1				
2				

【任务实施】

（1）组员分工详情：

姓名	负责内容

（2）详细实施方案：

【任务评价】

任务名称	汽车轮毂的逆向建模		得分	
组长			汇报时间	
组员				
任务要求	在已有的三角面片文件 . stl 基础上，通过逆向设计软件 Geomagic Design X 进行操作，获得汽车轮毂的实体模型，并要求体偏差不超过 ±1 mm			
文档接收清单	接收本任务完成过程中设计的文档：			

序号	文档名称	接收人	接收时间
1			
2			

学习笔记

评分细则表		
评分标准	分值	得分
任务方案的合理性	20分	
成员分工明确，进度安排合理	20分	
资料收集完成程度	40分	
课堂交流汇报效果	20分	

验收评分

教师评语

任务二　汽车轮毂的创新设计

【学习目标】

（1）了解模型色彩渲染处理。
（2）熟悉 3D 打印数据处理。
（3）培养发散思维、举一反三的能力。

【任务描述】

将汽车轮毂实体数据导出到 SolidWorks 中进行结构修改和创新设计。完成轮胎部分的设计，并对其进行色彩渲染，如图 8-37 所示。

【引导问题】

引导问题：

汽车轮毂结构有什么特点？如何实现轮毂实体模型的创建？

图 8-37　轮胎模型

【知识充电】

SolidWorks 外观渲染

计算机辅助设计软件为用户提供了零部件外观渲染的功能，这样不仅能在制造零件之前完成色彩搭配方案的制定，而且有助于零部件之间的区分，从视觉上即可一目了然产品的构成。为了实现更强大的渲染功能，也有很多专门提供外观渲染的插件或者软件。SolidWorks 自带渲染功能，能够实现按材料、按几何要素、用户自定义进行模型外观渲染，其中最为基本的是对于零件实体、面、特征等进行颜色的改变设置。

打开 SolidWorks 模型，在绘图窗口的上方单击"编辑外观"命令图标 ，在界面的左侧和右侧都会出现相关的参数设置栏目，如图 8 – 38 所示。"所选几何体"栏中，我们可以选择上色对象，可以是整个零件、面、某个实体、某个特征；在"颜色"栏中可以对所要使用的色彩进行选取，支持颜色提取、点选、RGB 或 HSV 模式设定。

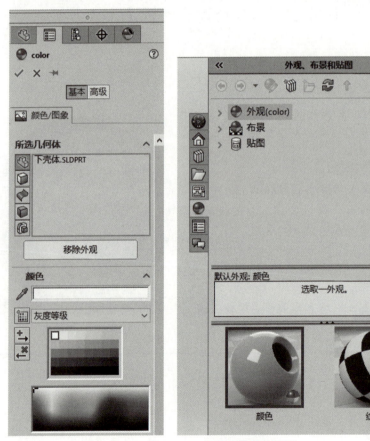

图 8 – 38　色彩设置菜单界面

【操作提要】

第一步，打开 SolidWorks 软件，将轮毂实体数据导入，如图 8 – 39 所示。

图8-39 轮毂实体导入

第二步，以轮缘最外围的圆周为参照建立基准平面。单击"参考几何体"→"基准面"命令新建基准面，如图8-40所示。

图8-40 新建基准面

第三步，在新建基准面上绘制草图，如图8-41所示。单击✔按钮退出草图绘制。对草图进行拉伸，拉伸长度为200 mm，如图8-42所示，单击✔按钮退出。

第四步，对拉伸主体进行圆角处理。单击"圆角"命令，选中圆周两个底面的外侧圆周边线，设置圆角的半径为30 mm，如图8-43所示，单击✔按钮退出。

第五步，颜色渲染。单击"编辑外观"，选择导入的轮毂部分，选择合适的色彩，如图8-44所示，然后单击✔按钮退出。

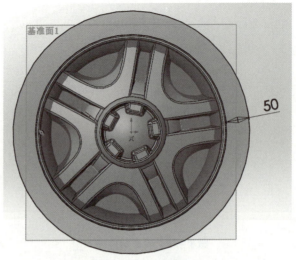

图 8-41　草图绘制

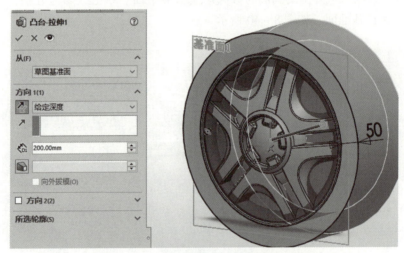

图 8-42　拉伸

图 8-43　圆角处理

按同样的操作完成其余部分的颜色更改。注意，在修改轮胎和其他部位的颜色时，在"所选几何体"栏中切换操作对象类型为相应的"面"或"特征"，不然会覆盖掉轮毂部分的色彩方案。效果如图 8 - 45 所示。

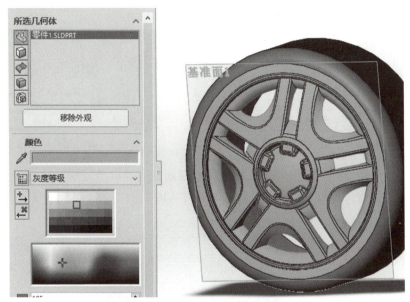

图 8 - 44　轮毂部分颜色设置

图 8 - 45　色彩修改效果

第六步，3D 打印数据处理。将创新设计结果另存为 . stl 格式文件，然后导入数据分层软件 Pango，如图 8 - 46 所示。零件尺寸明显大于打印机平板的尺寸，因此对于零件首先进行缩小处理，单击"缩放"命令按钮▢，设置缩放参数，如图 8 - 47 所示，然后单击"确定"按钮。

图 8 – 46 模型导入分层软件

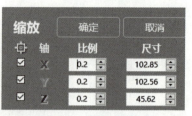

图 8 – 47 缩放比例设置

第七步，分层处理。由于摆放位置合理，因此直接单击"分层"命令按钮 ▣，对模型进行分层处理，并添加必要的支撑，如图 8 – 48 所示。

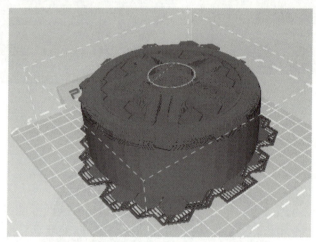

图 8 – 48 分层处理

第八步，打印模型。将分层后的模型保存为 . pcode 文件，拷贝至优盘，下载到 3D 打印机进行打印制作。

【任务工单】

任务名称	汽车轮毂的创新设计	指导教师	
班级		组长	
组员姓名			
任务要求	将汽车轮毂实体数据导出到 SolidWorks 中进行结构修改和创新设计。完成轮胎部分的设计，并对其进行色彩渲染后打印制作模型		
材料清单			

学习笔记

参考资料	
决策与方案	
实施过程记录	
文档清单	列写本任务完成过程中涉及的所有文档（纸质或电子文档）：

序号	名称	电子文档存储路径	完成时间	负责人
1				
2				

【任务实施】

（1）组员分工详情：

姓名	负责内容

（2）详细实施方案：

【任务评价】

任务名称	汽车轮毂的创新设计	得分	
组长		汇报时间	
组员			
任务要求	将汽车轮毂实体数据导出到 SolidWorks 中进行结构修改和创新设计。完成轮胎部分的设计，并对其进行色彩渲染后打印制作模型		

文档接收清单	接收本任务完成过程中设计的文档：			
	序号	文档名称	接收人	接收时间
	1			
	2			

验收评分	评分细则表		
	评分标准	分值	得分
	成员分工明确，进度安排合理	20 分	
	打印件三维建模尺寸、形貌准确	20 分	
	打印设备的操作规范性，作品的完整程度	40 分	
	课堂交流汇报效果	20 分	

教师评语	

项目九　钣金逆向建模

项目简介

钣金件就是钣金工艺加工出来的产品，我们生活到处都离不开钣金件。其显著的特征就是同一零件厚度一致，通常不超过 6 mm，且应用场景很广泛。本项目针对含曲面较多的钣金件进行逆向建模。通过项目的实际操作，对曲面建模和面修剪等操作进行拓展。

任务一　曲面钣金逆向建模

【学习目标】

（1）掌握曲面片体创建及其剪切命令操作。
（2）了解曲面钣金件建模的一般流程。
（3）巩固拟合曲面操作、扫描命令用法等。
（4）认识高水平科技自立自强的重要性。

【任务描述】

熟练 Geomagic Design X 软件，熟练"创建曲面""放样""曲面延长与剪切""曲面加厚"等命令的使用。

【知识充电】

一、创建曲面

在"模型"选项卡下，有一组创建曲面的命令，与创建实体的命令基本一一对应。主要包含"拉伸片体""回转""放样""扫描""基础曲面"命令。

二、放样回顾

1. 准备工作

（1）3D 样条曲线：沿领域边线绘制样条曲线作为放样引导线。
（2）轮廓：将样条线作为参考，用等分面获得曲面领域的交线。这些交线就是放样截面。

2. 放样操作

（1）单击"放样"命令。

（2）分别选择做好的各截面曲线和样条曲线作为轮廓和向导曲线。

三、曲面延长与剪切

曲面延长：根据曲面变化趋势将曲面进行延伸。可以只延伸某一边，也可以周边整体延伸。曲面剪切：相交的曲面之间互为裁剪工具，去除不需要的曲面部分。曲面延伸和曲面剪切经常一起使用。曲面建模时往往不能预估曲面大小，而曲面的剪切需要相关曲面之间实际产生交线，否则不能切割，因此需要剪切前延伸相应曲面大小。

四、曲面加厚

曲面加厚是指为连续曲面赋予一定的厚度。在钣金逆向建模中必然使用，当所有的表面都已经创建完毕，我们只得到的是没有实体的几何面，赋予一定的厚度才能成为实体模型，可通过导出其他建模软件进行进一步的创新设计。

曲面钣金逆向建模 项目实施　　曲面钣金逆向建模 项目实施

【操作提要】

首先，导入扫描数据。在"领域"选项卡的"线段"组中，单击"自动分割"命令或者单击"菜单"→"工具"→"领域工具"→"自动分割"命令，调整选项如图 9-1 所示。

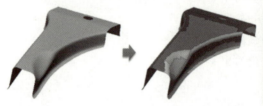

图 9-1　钣金自动分割

软件将网格分割成不同颜色的特征领域。通过按键盘上的"Ctrl"+"0"快捷键可隐藏参照平面。如果同一模型都采用同一个敏感度，是不能兼顾到方方面面的，所以在一般情况下，自动分割敏感度的选择要优先考虑大面积的部分，对于小面积的部分，在"领域"选项卡下进行操作。

在"领域"选项卡的"编辑"组中，单击"分割"命令或单击"菜单"→"工具"→"领域工具"→"分割"命令，然后按键盘上的"Esc"（Escape）键释放选项选择。在模型视图上方的工具栏中选择画笔按钮来编辑区域。利用"Alt"键可调整油漆刷的大小。沿着网格的圆形区域选择多边形面。

通过按键盘上的"Ctrl"+"0"快捷键可显示参照平面。在"模型"选项卡的"向导"组中，单击"拉伸精灵"命令或单击"菜单"→"插入"→"建模精灵"→"拉伸精灵"命令，选择上部特征区域作为侧面，并取消"拔模角度"选项，如图 9-2 所示。将结果运输操作符更改为"导入片体"。单击"下一阶段"按钮，选择虚线箭头并拖动它以放大预览的表面主体。单击"OK"按钮完成创建。通过清除实体名称前的复选框，使创建的表面主体在模型树中不可见。

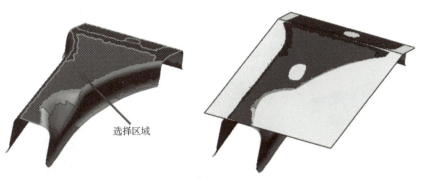

图 9-2　钣金拉伸精灵

在"模型"选项卡的"向导"组中，单击"放样向导"命令或单击"菜单"→"插入"→"建模精灵"→"放样向导"命令。选择图 9-3 所示特征区域为"领域/单元面"，选择"断面数"选项，设置"断面数"为 15，调整其他选项，如图 9-3 所示。重复上述步骤，为模型的另一侧创建另一个放样曲面体。通过清除实体名称前的复选框，使创建的表面主体在模型树中不可见。

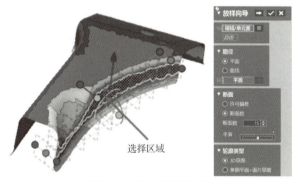

图 9-3　钣金放样操作

在"模型"选项卡的"向导"组中，单击"面片拟合"命令或单击"菜单"→"插入"→"建模精灵"→"面片拟合"命令，选择图 9-4 所示特征区域为"领域/单元面"。将"分辨率"更改为"控制点数"，将 U、V 控制点数设置为 4。单击☑按钮完成面片拟合。

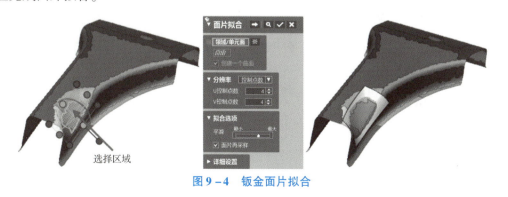

图 9-4　钣金面片拟合

在"模型"选项卡的"创建曲面"组中，单击"基础曲面"命令或单击"菜单"→"插入"→"建模精灵"→"基础曲面"命令，选择"手动提取"选项，并选择图9-5所示形状特征为领域，"创建形状"选择"平面"。重复上述步骤，在网格的对面创建另一个平面表面体。使用"基础曲面"命令创建另外两个平面表面体。

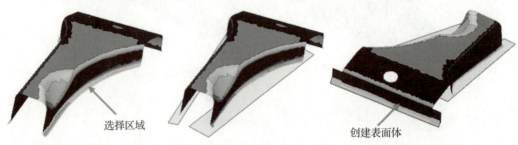

选择区域   创建表面体

图9-5　钣金基础曲面

在"模型"选项卡的"编辑"组中，单击"延长曲面"命令或单击"菜单"→"插入"→"曲面"→"延长曲面"命令，选择已创建的上表面体，如图9-6所示。"终止条件"选择"距离"选项，并将"距离"设置为20 mm。在延长方法中选择"线形"选项，然后单击✔按钮完成延长曲面的创建。

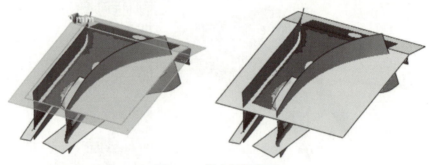

图9-6　钣金延长曲面

在"模型"选项卡的"编辑"组中，单击"剪切曲面"命令或单击"菜单"→"插入"→"曲面"→"剪切曲面"命令，选择图9-7所示曲面体作为工具实体，并取消勾选"对象"选项的复选框，单击"下一步"按钮➡，选择图9-7所示保留体，然后单击✔按钮完成剪切曲面的创建。重复上述步骤修剪其余的表面主体。

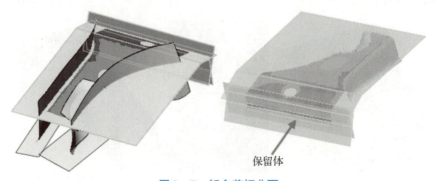

保留体

图9-7　钣金剪切曲面

在"草图"选项卡的"设置"组中，单击"面片草图"命令进入"面片草图的设置"对话框。选择右参考平面作为基准平面，设置"由基准面偏移的距离"为 100 mm，并设置"轮廓投影范围"为 200 mm，单击☑按钮完成面片草图的设置。通过按键盘上的"Ctrl"+"1"和"Ctrl"+"4"快捷键隐藏网格和表面主体。通过绘制直线、圆弧和圆在断面多线段上创建草图，如图 9 – 8 所示。单击"草图"选项卡中的"退出"命令或者模型视图右下角的"退出"图标来退出"面片草图"模式。

图 9 – 8　钣金面片草图绘制

按键盘上的"Ctrl"+"4"快捷键，使创建的表面主体在模型视图中可见。在"模型"选项卡的"创建曲面"组中，单击"拉伸"命令或单击"菜单"→"插入"→"曲面"→"拉伸"命令，选择草图作为基础草图，然后将"方向"选项中"方法"设置为"通过"。效果如图 9 – 9 所示。

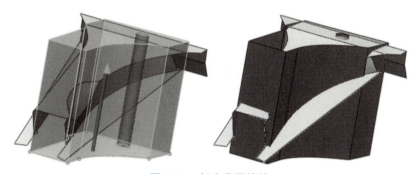

图 9 – 9　钣金草图拉伸

在"模型"选项卡的"编辑"组中，单击"剪切曲面"命令或单击"菜单"→"插入"→"表面"→"剪切曲面"命令，选择所有创建的表面实体为工具实体，然后单击"下一步"按钮➡。选择保留的主体，单击☑按钮确认完成。效果如图 9 – 10 所示。

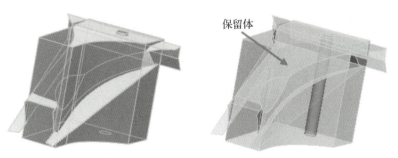

保留体

图 9 – 10　钣金剪切曲面

在"模型"选项卡的"编辑"组中，单击"圆角"命令或单击"菜单"→"插入"→"建模特征"→"圆角"命令，选择"固定圆角"选项，选择边缘作为实体要素，并设置半径为 4 mm，单击 ✓ 按钮，完成曲面钣金，效果如图 9 – 11 所示。

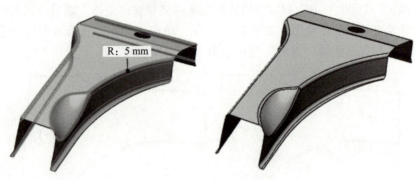

R：5 mm

图 9 – 11　钣金圆角

【任务工单】

任务名称	曲面钣金逆向建模		指导教师		
班级			组长		
组员姓名					
任务要求	（1）掌握曲面片体创建及其剪切命令操作。 （2）了解曲面钣金件建模的一般流程。 （3）巩固拟合曲面操作、扫描命令用法等				
材料清单					
参考资料					
决策与方案					
实施过程记录					
文档清单	列写本任务完成过程中涉及的所有文档（纸质或电子文档）： 序号 / 名称 / 电子文档存储路径 / 完成时间 / 负责人				

序号	名称	电子文档存储路径	完成时间	负责人
1				
2				

学习笔记

【任务实施】

（1）组员分工详情：

姓名	负责内容

（2）详细实施方案：

【任务评价】

任务名称	曲面钣金逆向建模	得分	
组长		汇报时间	
组员			
任务要求	（1）掌握曲面片体创建及其剪切命令操作。 （2）了解曲面钣金件建模的一般流程。 （3）巩固拟合曲面操作、扫描命令用法等		

接收本任务完成过程中设计的文档：			
序号	文档名称	接收人	接收时间
1			
2			

文档接收清单

验收评分

评分细则表		
评分标准	分值	得分
任务方案的合理性	20 分	
成员分工明确，进度安排合理	20 分	
资料收集完成程度	40 分	
课堂交流汇报效果	20 分	

教师评语

任务二　冲压钣金逆向建模

【学习目标】

（1）掌握片体拉伸命令操作。

（2）掌握扫描、面缝合、镜像操作。

（3）巩固布尔运算操作、面片拉伸命令用法等。

（4）培养刻苦钻研、创新求索的精神。

【任务描述】

熟练 Geomagic Design X 软件，熟练"镜像""缝合""转换体""扫描""建模精灵"等命令的使用。

【知识充电】

一、镜像

镜像操作是创建关于平面或平面要素对称的复制特征。镜像不仅在实体特征建模中存在，同样在草图绘制中也存在。

二、缝合

缝合曲面操作是指通过缝合将两个或多个面结合成一个曲面，一定程度上可以视作曲面剪切的逆操作。使用缝合命令的两个面需要有相交线。

三、转换体

转换体：移动、旋转或缩放实体或曲面体。也可以借助于基准将一个体对准另一个体或面。回转和移动：对局部体进行回转和平移；比例：以原点为中心进行整体缩放；基准对齐：以基准面为参照进行对齐；对齐到扫描数据：以扫面的数据为参考进行对齐。

冲压钣金逆向建模　　冲压钣金逆向建模　　冲压钣金逆向建模
项目实施－01　　　　项目实施－02　　　　项目实施－03

【操作提要】

第一步，导入扫描数据。在"领域"选项卡的"线段"组中，单击"自动分割"命令或者单击"菜单"→"工具"→"领域工具"→"自动分割"命令，设置"敏感度"为25，调整选项如图9－12所示。

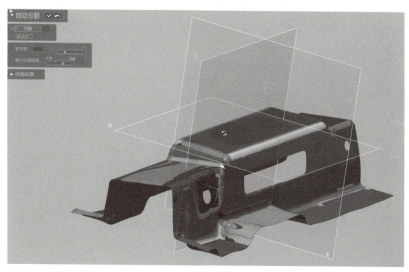

图 9 – 12　冲压钣金自动分割

在"草图"选项卡的"设置"组中，单击"面片草图"命令进入"面片草图的设置"对话框。选择右参考平面作为基准平面。设置"由基准面偏移的距离"为 90 mm，单击✓按钮完成面片草图的设置。通过绘制直线在断面多线段上创建草图，如图9－13所示。单击"草图"选项卡中的"退出"命令或者模型视图右下角的"退出"图标来退出"面片草图"模式。

按键盘上的"Ctrl"＋"4"快捷键，使创建的表面主体在模型视图中可见。在"模型"选项卡的"创建曲面"组中，单击"拉伸"命令或单击"菜单"→"插入"→"曲面"→"拉伸"命令，选择图2草图作为基础草图，然后将"方向"选项中"方

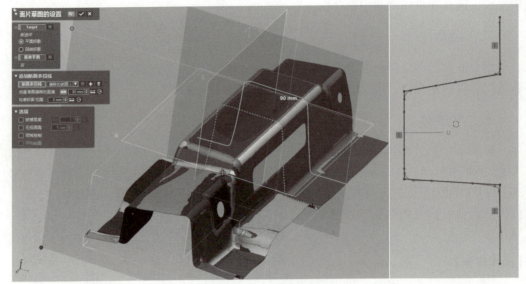

图9-13 冲压钣金草图1

法"设置为"距离","长度"设置为320 mm,"反方向"选项中"方法"设置为"距离","长度"设置为240 mm,如图9-14所示。

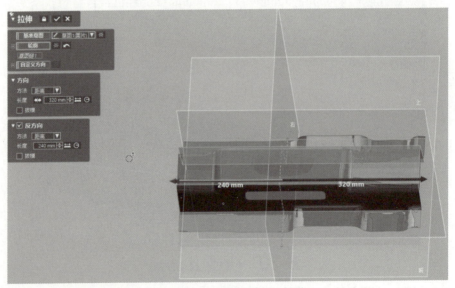

图9-14 冲压钣金草图1拉伸

在"草图"选项卡的"设置"组中,单击"面片草图"命令进入"面片草图的设置"对话框。选择右参考平面作为基准平面。设置"由基准面偏移的距离"为185 mm,单击 ✔ 按钮完成面片草图的设置。通过绘制直线在断面多线段上创建草图。

在"模型"选项卡的"创建曲面"组中,单击"拉伸"命令或单击"菜单"→"插入"→"曲面"→"拉伸"命令,选择图9-15所示草图作为基础草图,然后将"方向"选项中"方法"设置为"距离","长度"设置为320 mm,"反方向"选项中"方法"设置为"距离","长度"设置为240 mm,如图9-16所示。

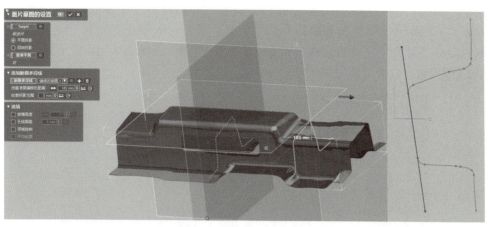

图 9 - 15　冲压钣金草图 2

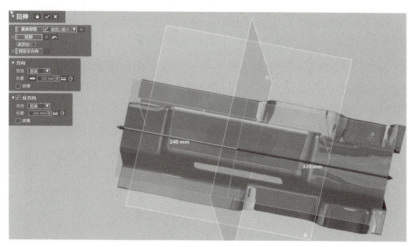

图 9 - 16　冲压钣金草图 2 拉伸

在"模型"选项卡的"创建曲面"组中，单击"基础曲面"命令或单击"菜单"→"插入"→"建模精灵"→"基础曲面"命令，选择"自动提取"选项，并选择图 9 - 17 所示形状特征为领域。"提取形状"选择"平面"，"详细设置"选择延长比率 200%，在网格的对面创建另一个平面表面体。

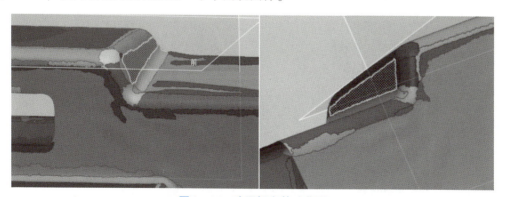

图 9 - 17　冲压钣金基础曲面

在"模型"选项卡的"编辑"组中，单击"剪切曲面"命令或单击"菜单"→"插入"→"曲面"→"剪切曲面"命令，选择图 9 – 18 所示曲面体作为工具实体，并取消勾选"对象"复选框，单击"下一步"按钮 ➡，选择图 9 – 18 所示保留体，然后单击 ✓ 按钮完成剪切曲面的创建。

图 9 – 18　冲压钣金剪切曲面

第二步，选择上视参考平面作为基准平面。设置"由基准面偏移的距离"为 90 mm，单击 ✓ 按钮完成面片草图的设置。通过按键盘上的"Ctrl"+"1"和"Ctrl"+"4"快捷键隐藏网格和表面主体，只将断面多线段显示在面片草图模式。通过绘制直线在断面多线段上创建草图，如图 9 – 19 所示。

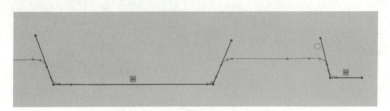

图 9 – 19　冲压钣金草图 3

在"模型"选项卡的"创建曲面"组中，单击"拉伸"命令或单击"菜单"→"插入"→"曲面"→"拉伸"命令，选择图 9 – 19 所示草图作为基础草图，然后将"方向"选项中"方法"设置为"到顶点"，"反方向"选项中"方法"设置为"到顶点"，拉伸设置如图 9 – 20 所示。

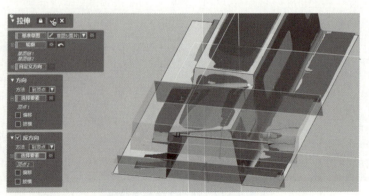

图 9 – 20　冲压钣金草图 3 拉伸

在"模型"选项卡的"编辑"组中，单击"剪切曲面"命令或单击"菜单"→"插入"→"曲面"→"剪切曲面"命令，选择图9-21所示曲面体作为工具实体，并取消勾选"对象"复选框，单击"下一步"按钮➡，选择如图9-21所示保留体，然后单击✅按钮完成剪切曲面的创建。

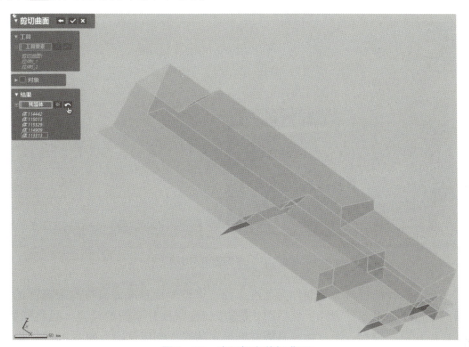

图9-21　冲压钣金剪切曲面

在"模型"选项卡的"编辑"组中，单击"圆角"命令或单击"菜单"→"插入"→"建模特征"→"圆角"命令，选择"固定圆角"选项。选择如图9-22所示边线作为实体要素，单击"由面片估算半径"并设置半径为11 mm，然后单击✅按钮完成曲面钣金。重复上述步骤完成其余圆角的设置。

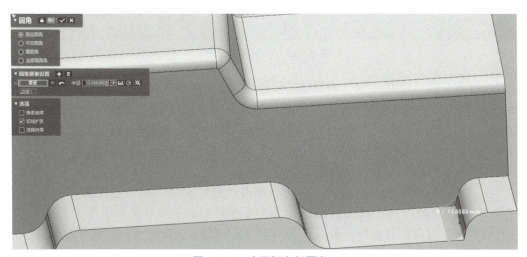

图9-22　冲压钣金倒圆角1

在"草图"选项卡的"设置"组中，单击"面片草图"命令进入"面片草图的设置"对话框，选择右视参考平面作为基准平面，设置"由基准面偏移的距离"为225 mm，保证新的基准平面不穿过圆孔，然后单击☑按钮完成面片草图的设置，如图9－23所示。

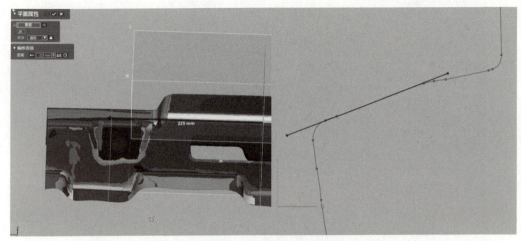

图 9－23　冲压钣金草图 4

第三步，选择前视参考平面作为基准平面。调整"由基准面偏移的距离"的数值，保证新的基准平面不穿过圆孔，然后单击☑按钮完成面片草图的设置。只将断面多线段显示在面片草图模式，通过绘制直线在断面多线段上创建草图，如图9－24所示。

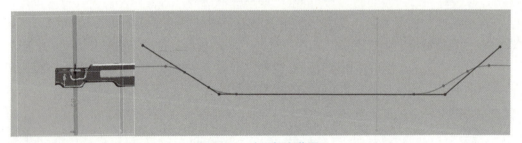

图 9－24　冲压钣金草图 5

按键盘上的"Ctrl"+"4"快捷键，使创建的表面主体在模型视图中可见。在"模型"选项卡的"创建曲面"组中，单击"扫描"命令或单击"菜单"→"插入"→"曲面"→"扫描"命令，选择图9－23所示草图作为基础草图，将"路径"设置为图9－24所示草图的线段，将"状态/捻度"选项中"方法"设置为"沿路径"，扫描结果如图9－25所示。

在"模型"选项卡的"编辑"组中，单击"剪切曲面"命令或单击"菜单"→"插入"→"曲面"→"剪切曲面"命令，选择图9－26所示曲面体作为工具实体，并取消勾选"对象"复选框，单击"下一步"按钮➡，选择图9－26所示保留体，然后单击☑按钮完成剪切曲面的创建。重复上述步骤完成其余斜槽的建模。

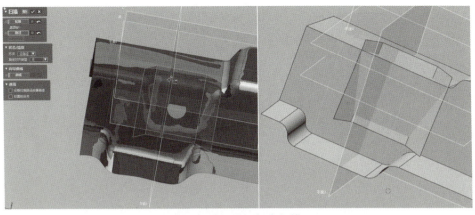

图 9 – 25　冲压钣金扫描

图 9 – 26　冲压钣金剪切曲面斜槽建模

在"草图"选项卡的"设置"组中，单击"面片草图"命令进入"面片草图的设置"对话框。选择上视参考平面作为基准平面，只将断面多线段显示在面片草图模式。绘制矩形，并进行倒圆角，半径为 5 mm，如图 9 – 27 所示。

按键盘上的"Ctrl"+"4"快捷键，使创建的表面主体在模型视图中可见。在"模型"选项卡的"创建曲面"组中，单击"拉伸"命令或单击"菜单"→"插入"→"曲面"→"拉伸"命令，选择图 9 – 27 所示草图作为基础草图，然后将"方向"选项中"方法"设置为"距离"，"长度"设置为 320 mm，"反方向"选项中"方法"设置为"平面中心对称"，"长度"设置为 180 mm。

图 9 – 27　冲压钣金草图 6

在"模型"选项卡的"编辑"组中，单击"剪切曲面"命令或单击"菜单"→"插入"→"曲面"→"剪切曲面"命令，选择图 9 – 28 所示曲面体作为工具实体，并取消勾选"对象"复选框，单击"下一步"按钮➡️，选择图 9 – 28 所示保留体，然后单击✅按钮完成剪切曲面的创建。

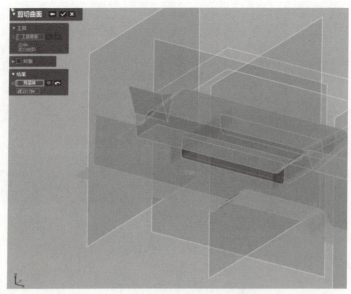

图9-28　冲压钣金剪切曲面

在"模型"选项卡的"编辑"组中，单击"圆角"命令或单击"菜单"→"插入"→"建模特征"→"圆角"命令，选择"固定圆角"选项，选择边缘作为实体要素，然后单击✔按钮完成冲压曲面钣金，如图9-29所示。

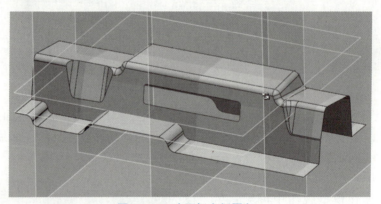

图9-29　冲压钣金倒圆角2

【任务工单】

任务名称	冲压钣金逆向建模	指导教师	
班级		组长	
组员姓名			
任务要求	（1）掌握片体拉伸命令操作。 （2）掌握扫描、面缝合、镜像操作。 （3）巩固布尔运算操作、面片拉伸命令用法等		

材料清单	
参考资料	
决策与方案	
实施过程记录	
文档清单	列写本任务完成过程中涉及的所有文档（纸质或电子文档）： | 序号	名称	电子文档存储路径	完成时间	负责人
---	---	---	---	---
1				
2				

【任务实施】

（1）组员分工详情：

姓名	负责内容

（2）详细实施方案：

【任务评价】

任务名称	冲压钣金逆向建模		得分	
组长			汇报时间	
组员				
任务要求	（1）掌握片体拉伸命令操作。 （2）掌握扫描、面缝合、镜像操作。 （3）巩固布尔运算操作、面片拉伸命令用法等			

文档接收清单

接收本任务完成过程中设计的文档：

序号	文档名称	接收人	接收时间
1			
2			

验收评分

评分细则表

评分标准	分值	得分
任务方案的合理性	20 分	
成员分工明确，进度安排合理	20 分	
资料收集完成程度	40 分	
课堂交流汇报效果	20 分	

教师评语	

参 考 文 献

[1] 刘然慧，刘纪敏. 3D 打印：Geomagic Design X 逆向建模设计实用教程［M］.北京：化学工业出版社，2017.

[2] 陈雪芳，孙春华. 逆向工程与快速成型技术应用［M］. 北京：机械工业出版社，2014.

[3] 杨振虎，庞恩泉. 3D 打印数据处理［M］. 北京：高等教育出版社，2010.

[4] 濮良贵，陈国定，吴立言. 机械设计［M］. 10 版. 北京：高等教育出版社，2020.

[5] 胡其登，戴瑞华. SOLIDWORKS 零件与装配体教程（2020 版）［M］. 北京：机械工业出版社，2020.

[6] 张春林，赵自强，李志香. 机械创新设计［M］. 4 版. 北京：机械工业出版社，2021.

参考文献